哈洛新知
Hello Knowledge

知识就是力量

30秒探索
神秘的海洋

30秒探索
神秘的海洋

50个关键概念
彰显海洋对地球生命的重要性

主编

友恩-杰恩·莱恩
马蒂亚斯·格林

参编

法布里斯·阿尔丹　　　　　德尔菲娜·洛贝尔
马丁·奥斯汀　　　　　　　克莱尔·马哈菲
梅格·贝克　　　　　　　　金·马蒂尼
史蒂文·巴尔布斯　　　　　杰夫·波尔顿
格兰特·比格　　　　　　　亚历克斯·波尔顿
罗伯特·钱特　　　　　　　汤姆·里普斯
阿尼拉·乔伊　　　　　　　塞巴斯蒂安·罗齐尔
莱恩·科德斯　　　　　　　亚力杭德拉·桑切斯-弗
桑科·丹根多夫　　　　　　兰克斯
若昂·杜阿尔特　　　　　　马丁·斯科夫
詹姆斯·格顿　　　　　　　戴维·N.托马斯
劳拉·格兰奇　　　　　　　斯文亚·蒂达乌
阿德尔·希南　　　　　　　玛丽-路易斯·蒂默曼斯
彼得·霍尔特曼　　　　　　卡罗尔·特利
芭贝特·霍格凯尔　　　　　詹姆斯·瓦吉特
海伦·约翰逊　　　　　　　索菲·沃德
希拉里·肯尼迪　　　　　　迈克尔·J.韦

插图绘制

尼基·阿克兰-斯诺

翻译

王绍祥　　林臻

华中科技大学出版社
http://press.hust.edu.cn
中国·武汉

湖北省版权局著作权合同登记 图字：17-2021-260 号

图书在版编目（CIP）数据

30 秒探索神秘的海洋 /（英）友恩－杰恩·莱恩 (Yueng-Djern Lenn),（英）马蒂亚斯·格林 (Mattias Green) 主编；王绍祥，林臻译 .—武汉：华中科技大学出版社，2023.2
（未来科学家）
ISBN 978-7-5680-8613-4

Ⅰ .①3… Ⅱ .①友… ②马… ③王… ④林… Ⅲ .①海洋－普及读物 Ⅳ .① P7-49

中国版本图书馆 CIP 数据核字 (2022) 第 155432 号

30 秒探索神秘的海洋
30 Miao Tansuo Shenmi de Haiyang

[英]友恩－杰恩·莱恩，[英]马蒂亚斯·格林 / 主编
王绍祥，林臻 / 译

策划编辑：杨玉斌
责任编辑：陈 露 张瑞芳　　　　　　装帧设计：陈 露
责任校对：李 弋　　　　　　　　　　责任监印：朱 玢

出版发行：华中科技大学出版社（中国·武汉）　　电话：（027）81321913
　　　　　武汉市东湖新技术开发区华工科技园　　邮编：430223

录　　排：华中科技大学惠友文印中心
印　　刷：中华商务联合印刷（广东）有限公司
开　　本：787 mm×960 mm　1/16
印　　张：10
字　　数：160 千字
版　　次：2023 年 2 月第 1 版第 1 次印刷
定　　价：88.00 元

目录

引言

友恩-杰恩·莱恩　马蒂亚斯·格林

辽阔的蓝色海洋覆盖了地球表面约70%的面积，让地球成了"蓝色星球"。

海洋。辽阔而蔚蓝的海洋（平均深度约为4000米）为不计其数的生命提供了赖以生存的家园。它能调节气候，为人类提供一种交通方式，也是人类的食物来源和娱乐场所。海洋是一种极其重要的资源，对地球系统而言如此，对我们而言也是如此。短至几秒钟，长到数十亿年，海洋随时间不停变化着，是一种为我们所利用也被我们滥用的资源。在这本书中，我们将介绍海洋这一对于塑造地球和地球生命至关重要的系统。我们的地球是独一无二的：它是太阳系中唯一一颗表面有液态水的行星（尽管火星和金星上都出现过海洋）。海洋之所以能存在于地球上，是因为地球与太阳的距离足够远、地球公转的速度足够快，海水不会结冰或沸腾。海水的特殊性质让地球能够同时拥有两极地区的海冰和靠近热带地区可供游泳的温暖海水。地球上的海水，总体积13.5亿立方千米，最有可能来自太空，经由富含水冰的小型物体（类似于目前在地球和火星之间围绕太阳公转并撞击地球的小行星）来到地球。地球上各种大小和形状的海洋至少存在了38亿年。

地球上生命的出现和进化最有可能发生在35亿年前的海洋中。但如果海洋没有存储太阳热量和盐分的能力，如果没有洋流在洋盆中流动以远距离输送并重新分配热量、盐分以及其他物质，生命就不可能出现。海洋通过与大气的相互作用来调节气候，使远离陆地、没有生命的地区成为充满生机的港湾。大型海洋环流系统受洋盆的形状影响，而洋盆又受大规模地质作用的控制。其他地质过程则塑造了海滩和海岸线，而水下隆起、丘陵和山脉承载着丰富的生态系统，其中生存着各种大小、形状和形式的生命，从微小的单细胞浮游生物到巨大的蓝鲸，不一而足。在这样一个相互联系的系统中，要想理解某一种海洋过程，就必须理解其他的海洋过程。如果海洋真是地球生命的起源，或许我们在其他地方寻找生命时应该把重点放在那些有海洋的行星上。

与此同时，我们运用一系列手段来探索海洋——从在码头或坐着小艇用简单的瓶子收集水样，到由大型专用研究船部署的极度灵敏的仪器。系泊设备、潜水器、游泳机器人和最新地球轨道卫星的探索周期从数周到数年不等，它们每秒不间断地对海洋进行探测，收集到了许多有价值的数据。在计算机模型（与用于天气预报的计算机模型类似）以及数学和物理理论的帮助下，我们可以窥见海洋的运行方式和海洋的未来。

目前看来，未来并不像我们希望的那样光明。一方面，人类活动引起的气候变化正威胁着海洋，导致海水迅速变暖；另一方面，

海洋中有丰富的海洋生物，没有比热带珊瑚礁上的海洋生物色彩更斑斓的了。

海浪、河流、风和天气塑造了我们的海岸线，全球有24亿人口沿海岸线生活，前来游玩的旅客还要更多。

为了阻止地球气候变化加速，海洋吸收大气中多余的二氧化碳并将其埋藏在最深处。随着时间的推移，海冰融化、海平面上升、海洋酸化、塑料污染、生态系统变化及其对许多物种的威胁、水域的改变及其后果都变得越来越明显。然而，在过去，在气候发生变化的每个时代，总存在着"赢家"和"输家"。当今这个时代也不例外：北极熊为了捕食努力寻找海冰，暖水物种正在往纬度更高的地区寻找新的家园，生活在北极的体型较小的浮游植物开始与体型较大的单细胞生物竞争。

为了帮助读者了解海洋，同时为介绍海洋研究领域的重要引路人，我们一共汇集了来自海洋学界的50篇短文，每篇短文自成一个主题，每个主题包含"3秒钟冲浪"（关键概念）、"30秒探索神秘的海洋"（海洋信息）以及"3分钟探索"（认知拓展）。这些主题被分为不同的章节，**海洋基础知识**是全书的开篇，解释了海洋的基本特征以及众所周知的海洋现象是如何产生的。从陆架边缘海到深海再到极地，**海洋自然地理**将带你游览

构成全球海洋的不同类型的水体。接下来，**海洋、天气与气候**将深入探讨海洋对气候变化的反应，以及海洋如何决定天气和气候。从最小的微生物到地球上现存最大的哺乳动物，**活力海洋**将介绍各种海洋栖息地和以海洋为家的生物。**海洋探索、观察与预测**将详细介绍过去和现在我们探索海洋的情况，以及这些探测如何帮助我们使用最先进的技术更好地预测未来的海洋和气候。从塑料到人工照明，**海洋污染**将讨论人类对海洋的影响。最后，**地球演化与地外海洋**将从更长远的地质时间视角来观察海洋地质和其他行星上的潜在生命。

通过了解如何更好地管理我们的海洋，以及它们如何在减缓气候变化方面发挥作用，我们希望能够获得胜利，不仅是为我们自己，也是为了我们的地球。

气候变化导致的海洋变暖使得许多动物前途未卜。

海洋基础知识 ◑

术语

含水层 多孔岩石、土壤或沙子中的透水岩土层，透水性能好。含水层中存储的水可以随天然泉水涌出地表，也可以通过打井抽水获取。

水深测量 对海洋、河流和湖泊中水深的研究和测量。

基岩 海底的沙子和其他沉积物下方的一层坚硬的岩石。

峡湾 狭长水体，深度大，湾口处的浅坎延伸到内陆深处，通常带有陡峭的岩壁。峡湾峡谷是在冰期由冰川缓慢移动形成的。

冰川 积雪被压缩后在陆地上形成的一大块密实的冰体。当冰川的体积大到一定程度时，它就会开始在自身重量的作用下移动。

地下水 位于地面以下，埋藏在土壤、沙子和岩石空隙中的水。

冰盖 覆盖面积超过50000平方千米的巨型大陆冰川。

西北航道 从大西洋到太平洋并途经加拿大北极群岛的漫长航道。在该航道成功开辟一条航线是航海史上最大的挑战之一，这将打开欧洲和亚洲之间的贸易通道。然而，由于航道极其危险，水手们不得不绕着巨大的冰山航行，致使大多数航行以失败告终。从15世纪末开始，人们试图找到穿越冰山的途径。1906年，挪威探险家罗阿尔·阿蒙森（Roald Amundsen）成为第一位完全经由海上航线穿越西北航道的人。直到20世纪60年代末，西北航道的商业航运才正式启动，不过仅在夏天开放。

盐度 溶解在水体中的盐的质量分数。

海底山 火山活动形成的水下山体。海底山的高度至少有1000米，但一般不会高出水面。

大陆架坡折 大陆架的终点，在此之后海洋深度迅速增加。大陆架坡折的深度通常为100～200米。

水柱 从海洋、湖泊或河流的表面到底部的垂直水域。海洋学家用水柱这一概念来描述不同深度的水的物理性质和化学性质。

为什么海水是咸的

30秒探索神秘的海洋

3秒钟冲浪
雨水从岩石中淋滤出的矿物质形成了海盐，目前海洋中盐的含量是经过数千年累积后的结果。

3分钟探索
当盐从海底的基岩中渗出并溶解到海底的海水中时，就会形成水下深海盐水池。高盐度（约150‰）使得盐水池的密度远大于上层盐度较低的海水的密度，从而抑制了海水的垂直交换。这些盐水池对海洋生物来说往往是致命的，在墨西哥湾、地中海和红海都有它们的踪迹。

数千年来，海洋中的盐不断累积。当矿物质溶解在雨水中时，盐最终被带入海里。这些矿物质是由雨水从岩石中淋滤得到的，雨水由于溶解了大气中的二氧化碳而呈弱酸性。一些矿物质被海洋生物消耗殆尽，但海水中钠和氯化物的含量远远超过海洋生物的需要，这些元素共同构成了氯化钠。所以，海盐本质上是海水经过过滤和蒸发后的产物。目前，来自河流和雨水的淡水流入海洋，平衡了溶于海水的盐。因此，平均而言，海洋中盐的浓度（盐度）保持在约35‰。在河口和其他淡水来源附近，如降水量高或冰川消融的地区，海面盐度可能远远低于35‰。在热带和亚热带，海洋中的淡水蒸发后流失到大气中，导致海面的盐度高于全球海洋平均水平。与自身体积相比，浅海或浅水湖泊的蒸发量较大，这让它们在世界上最咸的水体中占有一席之地。其中最著名的是死海，盐度约为342‰。

相关话题
另见
海洋就像千层蛋糕 第18页
反向河口：以地中海为例 第38页
死区 第98页

3秒钟人物
罗伯特·玻意耳
Robert Boyle
1627—1691
英国化学家、自然哲学家，海洋盐度研究第一人，认识到海洋盐度取决于蒸发和降水的平衡状况。

本文作者
友恩–杰恩·莱恩
Yueng-Djern Lenn

含有溶解的二氧化碳的雨水会从岩石中滤出矿物质并将其带到海洋中。

将阳光存储为热量

30秒探索神秘的海洋

相关话题

另见

海洋就像千层蛋糕 第18页

大西洋 第42页

飓风和台风 第66页

本文作者

汤姆·里普斯

Tom Rippeth

3秒钟冲浪

太阳光照射海面，使海面升温。随后，海面在温室效应的作用下使大气升温。

3分钟探索

在整个地球上，太阳光线引起的海洋变暖和海洋引起的大气变暖是相对平衡的。然而，在热带地区，海洋变暖占了上风，在高纬度地区，大气变暖的速度远远快于海洋变暖的速度。由此产生的高纬度热量逆差，则由洋流和海风将多余的热量从热带带向两极而得以弥补。

当太阳照射海面时，太阳光线会进入水柱。任何一个水肺潜水员都会告诉你，随着你潜入海洋深处，海水会很快变暗。太阳光线之所以随海洋深度加大而变暗，是因为它们穿过水体时，水分子会被激活，从而使水变暖。从本质上讲，海洋就像一块巨大的太阳能电池板，将阳光转化为热能。太阳光，也称为太阳辐射，波长较短（紫外线和蓝光的波长比红光短），可以穿透大气层而不使大气层的温度上升太多，然后被海洋吸收并转化为热能。再者，温暖的海面向大气发射波长较长的红外辐射，这些辐射被温室气体吸收，导致大气变暖。海洋将短波太阳辐射转化为大气中的热能，因此在全球气候系统中起着关键作用。据估计，大气中90%以上的热能来自海洋。如此一来，地球上大多数主要的天气系统都从海洋中获取能量也就不足为奇了。

随着太阳光线被吸收，海水迅速变暗，水温升高。

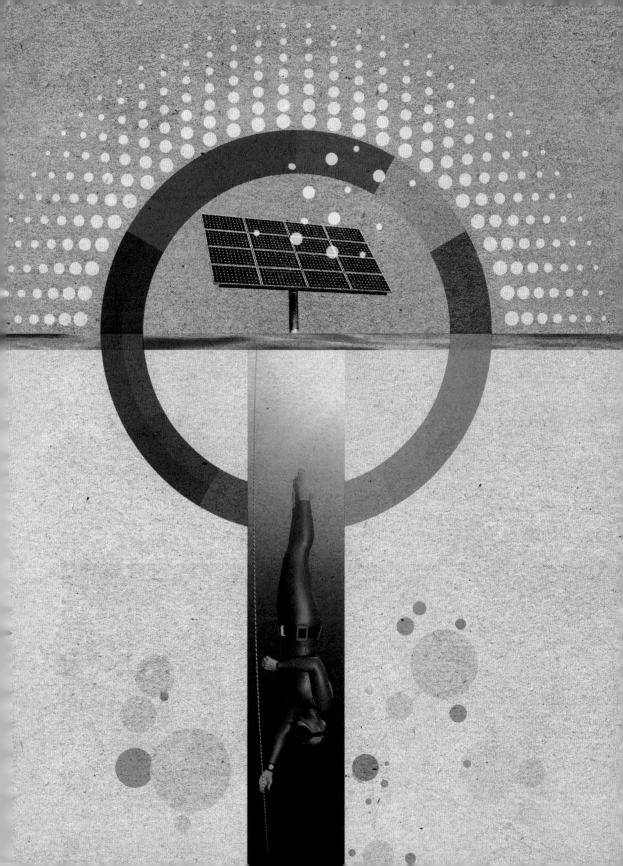

海洋就像千层蛋糕

30秒探索神秘的海洋

3秒钟冲浪
海洋是由不同盐度和温度的水层相互叠加而成的。

3分钟探索
密度不同的海水层，其形成过程截然不同。以红海为例，由于蒸发较强烈（相当于海平面年均下降2米），海水蒸发后留下的盐分使得红海的盐度非常大（每千克水中含40克盐）。而在北冰洋，海冰融化使得海面盐度较小（每千克水中含31克盐）。

在观赏海洋时，人们会认为从海面到海底的风光都是一样的，这无可厚非。然而，当你探索海洋深处时，你会意识到情况并非如此。1751年，亨利·埃利斯船长测量了北大西洋热带海域不同深度的水温。令他惊讶的是，他发现在水深1000～2000米处的水温为11 ℃，比海面温度低（空气温度为30 ℃）。此后的观察发现，深海的水温极低，即使在赤道，最高水温也仅为4 ℃。这是因为海洋是由不同温度和盐度的垂直水层组成的。底部的海水最重（密度最高，水温低、盐度大），上面的海水密度较低（较温暖、盐度较小）。加热和冷却会改变海面的温度，蒸发和结冰会增加海水盐度，而雨雪、河流和冰雪融水会增加流入海洋的淡水，从而降低海水盐度。在地球的不同位置，起主导作用的海洋过程不尽相同，并且所产生的不同盐度和温度的水体将向海洋内部扩散，从纵向上看，海洋就好比千层蛋糕。

相关话题
另见
为什么海水是咸的 第14页
将阳光存储为热量 第16页

3秒钟人物
亨利·埃利斯
Henry Ellis
1721—1806

爱尔兰探险家、奴隶贩子。他数次探索北极西北航道都以失败告终，测量海水温度取得多次成功，此后成了英国皇家学会会员。

本文作者
汤姆·里普斯

海洋被分为不同的层次，各层次具有不同的温度和盐度。

1874 年 5 月 3 日
出生于瑞典斯德哥尔摩

1887 年
进入乌普萨拉大学学习物理

1902 年
出版关于"埃克曼输送"的理论著作

1902 年至 1908 年
加入位于挪威奥斯陆的国际海洋考察理事会

1905 年
出版关于"埃克曼螺旋"的理论著作

1910 年至 1939 年
担任瑞典隆德大学力学与数学物理学教授

1910 年
发表了关于压力对海水密度的影响的实验结果

1928 年
因对海洋学的独创性贡献而被授予亚历山大·阿加西斯奖章

1935 年
当选瑞典皇家科学院院士

1939 年
因推动了地理研究而获得维加奖

1954 年 3 月 9 日
逝世于瑞典格斯塔德（Gostad）

瓦恩·瓦尔弗里德·埃克曼

VAGN WALFRID EKMAN

1874年，瓦恩·瓦尔弗里德·埃克曼出生于瑞典斯德哥尔摩。他是海洋物理学家弗雷德里克·劳伦茨·埃克曼（Fredrik Laurentz Ekman）的小儿子。埃克曼在乌普萨拉大学学习物理学期间，聆听了气象学和海洋学创始人之一——威廉·比耶克内斯（Vilhelm Bjerknes）的课程。这些课程激发了埃克曼对流体力学的兴趣。

埃克曼对海洋物理学领域最重要的贡献得益于挪威极地科学家弗里乔夫·南森在1893—1896年挪威北极探险期间的观测。南森指出，不同于风向，冰山漂移的方向向右偏转20°到40°。埃克曼发展了一种新的理论，将风、地球自转偏向力与海洋运动联系起来。根据这个理论，在北半球，风吹过海洋所产生的摩擦力会导致海水向风的右侧偏转，而在南半球，则导致海水向风的左侧偏转。在比海平面略低一些的位置，海水会略微向右或向左偏转，且与海面上水流方向的偏差随着深度的增加而增大。这一现象被称为埃克曼螺旋，因为海水围绕中心轴进行螺旋式运动。埃克曼螺旋的平均速度和方向被称为埃克曼输送。埃克曼在1902年的博士论文和1905年的一篇论文中发表了他的开创性研究，并在接下来的50年间继续发表关于海洋物理学的论文。其他以埃克曼命名的海洋物理过程包括埃克曼抽吸、埃克曼层等。

埃克曼热衷于发明海洋采样仪器，旨在以仪器的观测结果支持他的理论。他设计了一种自记式流速表，可以测出洋流的速度和方向。20世纪30年代，在东大西洋巡航期间，该仪器的采样深度达到了1200米。他还设计了一种隔热的海水取样瓶来收集海水、测量水温。他的实验帮助其他人推导了"海水状态方程"，该方程描述了压力对海水密度的影响。

埃克曼不仅是一位杰出的海洋物理学家，他还拥有许多爱好，尤其钟爱音乐：他还是贝斯弹唱歌手、钢琴家和作曲家。

克莱尔·马哈菲
Claire Mahaffey

海平面上升

相关话题
另见
飓风和台风 第66页
潮间带 第80页

3秒钟人物
约翰·丘奇
John Church
1951—

澳大利亚海洋学家,他首次重构全球海平面,认识到海平面上升的速度在20世纪不断加快。

本文作者
桑科·丹根多夫
Sonke Dangendorf

3秒钟冲浪
自19世纪末以来,全球海平面不断上升,速度之快在过去3000年间前所未有。

3分钟探索
全球有近24亿人(约占全球总人口的40%)生活在距离海岸100千米以内的地方。哪怕海平面只是小幅上升,所引发的经常性的沿海洪水、海水侵蚀和对含水层与农业土壤造成污染的海水入侵也将对这些人的日常生活产生巨大影响。

海洋密度的变化(温度和盐度的变化导致海洋体积的膨胀或收缩)和海洋与存储在陆地或大气中的淡水(例如冰或地下水)之间质量交换的变化会引起海平面高度的变化。19世纪末以来,海平面一直以每年约1.5毫米的速度上升;20世纪60年代以来,海平面上升的速度不断加快,达到了至少3000年来前所未见的水平。据观测,在整个20世纪,海平面上升的主要原因是冰川融化(约占45%)和海洋变暖(约占35%),但在过去的30年里,格陵兰冰盖和南极冰盖都以更快的速度融化。因此,它们正在成为当代海平面上升的主要源头。这个问题为什么很重要?冰盖是海平面上升的"大油轮"。尽管冰盖对气候变化的反应相对缓慢,可反应一经做出,在未来几十年到几百年内将很可能无法阻挡。目前,全球大部分永久性冰层存储在冰盖中,一旦它们完全融化,全球海平面将上升约65米。

当下及今后的海平面上升是塑造沿海社区的一个关键因素。

海浪

30秒探索神秘的海洋

相关话题
另见
海底滑坡与海啸 第144页
潮汐与地球生命的进化
　第146页

本文作者
杰夫·波尔顿
Jeff Polton

3秒钟冲浪
当海洋和空气间的界面受到扰动时，能量被注入海洋。为分散这种能量，海浪便产生了。

3分钟探索
海浪可以存在于空气和水之间，也可以存在于较温暖的表层水和较冷的深层水之间。这些海浪被称为内波，海洋混合可能就是由它们造成的。内波通常产生于海洋深处，它们会将物体（如鱼或潜艇）带到海面，从而引起空中观测仪的注意。

海浪的形成要么是由于海面受到推动，要么是由于海面在平衡或静止状态下受到扰动，这赋予了海面一些初始能量。随后，恢复力（通常为重力或浮力）让海面回到平衡位置。然而，随着海面的波动，其能量从存储状态的势能（波峰和波谷处最大）转化为运动状态的动能（当垂直移动的速度达到最大时，中部位置的动能最大）。因此，海浪会超出其初始位置并持续波动，直至能量再次回到存储状态。随着该过程的持续，海浪便由此诞生，并沿着海面传播。海浪具有各种各样的规模，包括靠风力驱动的毛细波（波长单位为毫米，周期以毫秒为单位）、风浪和涌浪（波长单位从厘米到米，周期从秒到分不等），以及潮汐波（波长单位为米，周期以小时为单位）。重力是海浪的主要恢复力，具有削减波峰和填充波谷的作用。不过除重力外，表面张力对于毛细波也很重要，而地球自转对于潮汐波也很重要。海浪具有极大的破坏性，但它也是潜在的可再生能源。

从拍打海岸的细碎浪花到海洋大小的潮汐，海浪具有各种各样的形态。

海滩与裂流

30秒探索神秘的海洋

相关话题
另见
海浪 第24页
迁移的沙洲 第140页

本文作者
马丁·奥斯汀
Martin Austin

3秒钟冲浪

裂流是一股狭窄而强劲的水流，把破碎的海浪输送到海滩上的动能带离海岸。

3分钟探索

裂流将毫无防备的游泳者带离岸边，带向较深的水域，对海滩游客造成重大危害。我们可以使用有色染料或利用放置在水中的昂贵仪器来识别裂流，也可以利用自然过程来确定它们的位置。海面上的白色泡沫可以定位海浪发生破碎的区域，但由于海浪不会在较深的航道上破碎，所以裂流呈现出深色。

海洋和陆地在海拔较低的沿海地区接触。当海浪拍打海岸宣告旅程结束时，其输送的能量将随之消散。要使这种能量不消失，必须将它转化为另一种形式或转移到另一个过程中——在海滩上，这种能量经常被转移到裂流中。在浅水区，碎浪携带着动能沿着海滩的斜坡爬升上岸，但海水升高会产生一个相反的力，将海水推回海洋。正因如此，海滩的形状或形态变得非常重要——因为要将海岸和海上的流水集中到不同的区域。沙洲，即海滩的极浅部分，会加剧海浪的破碎，迫使更多的海水流向海滩。而在靠近沙洲的较深的凹槽中，海浪不会破碎，流向海岸的水流汇聚，形成快速（流速>1米/秒）流动的狭长裂流，穿透碎浪。虽然裂流通常对游泳者有害，但它们可以将来自海岸的营养物质输送到海洋更深处，因此具有积极意义。

裂流在碎浪和海滩的共同作用下形成，将水和其他物质带离海岸。

潮汐

30秒探索神秘的海洋

海潮造成的海平面升降是最容易预测的。潮汐是月球引潮力、太阳引潮力与地球自转偏向力共同作用于地球水体的结果。甚至在一些大型湖泊中也可以看到潮汐。最高的潮汐（大潮）发生在满月或新月期间，而较低的潮汐（小潮）在上弦月或下弦月期间出现。在世界上许多地方，高潮每天有两次，在另一些地方每天只有一次，还有一些沿海地区没有高潮。潮汐的时间取决于其特定位置，而潮汐的规模则深受水深的影响。公海中的潮汐高度可达1米，当接近海岸时，由于海水变浅，潮汐会变得更大。海岸线对海水的"漏斗效应"可能会使海峡和河口处的潮汐规模变大。世界上最大的潮汐出现在加拿大芬迪湾，那里的潮差（高潮位和低潮位之间的差值）可超过16米。潮流是由高潮（涨潮）和低潮（退潮）之间的水流引起的。在浅水区、海峡或岬角周围，潮流可能特别迅急。

海水的涨落是由太阳和月球的引潮力造成的。

死水现象

30秒探索神秘的海洋

3秒钟冲浪
在垂直分层、洋流搅动和地形起伏的共同作用下，对地球系统至关重要的内波产生了。

3分钟探索
为什么渔船的目标是海洋中地形陡峭的区域，如海底山或陆架坡折？因为内波在这里让各种物质、能量混合。这种混合使得营养物质从黑暗的海洋深层涌向阳光照射的表层，从而刺激了周围区域的生物生产量。我们要感谢内波，因为它为我们带来了海岸上的大量渔获物。

有时，当一艘船驶入邻近海面的淡水峡湾时，它会突然减速，甚至停滞不前，尽管发动机仍在运转。这种现象被称为"死水现象"，是海洋中不同密度的水体垂直分层的结果。如果海面淡水层的深度接近船舶吃水深度，船舶移动时水层交界处将形成内波。内波形成后会从船舶运动中吸收能量，使船舶减速。然后这些内波从它们的形成地向外传播，带走能量，就像产生于船尾的海洋表面波一样。当变化的水流（如潮汐）在海底的隆起和斜坡上将分层水体上下移动时，也会产生内波。随着海浪向外传播，海浪中蕴含的能量会在长达数千千米的远距离传播中慢慢消失。重新分配后的能量促进了海洋中不同水体及其热量、淡水和营养物质的混合，使得内波对于维持海洋的初级生产力和气候过程十分重要。

相关话题
另见
海洋就像千层蛋糕 第18页
河口 第36页

本文作者
马蒂亚斯·格林
Mattias Green

在海洋各水层之间的界面上运动的内波对海洋中能量的再分配起到了关键作用。

海洋自然地理

术语

深海 海平面以下2000米到6000米之间的海洋深层。深海缺乏光照和氧气，因此大部分植物无法生存，但深海里居住着各种微生物、鱼类、甲壳类动物和软体动物。

南极绕极流 围绕南极大陆自西向东流动的洋流。它是世界上最大的洋流，连接太平洋、大西洋和印度洋。

海底盐池 位于洋盆内的水体，与周围的水体相比，其盐度、密度更大。

食物网 生态系统中相互关联的食物链组成的复杂网状结构。食物网由三个层次组成：（通常经过光合作用）为自己制造食物的生产者；以植物和其他动物为食的消费者；以动植物遗体为生的分解者。

全球碳循环 地球上主要碳库（大气、海洋、地壳、地幔以及化石燃料）之间的碳交换。海洋吸收二氧化碳，对控制大气中的二氧化碳浓度起着至关重要的作用，然而吸收二氧化碳增加了海洋的酸度。

全球海洋输送带 将水、热量和营养物质输送到世界各地的洋流系统。

海洋环流 在全球季风模式和地球自转影响下形成的洋流系统。

西北航道 从大西洋到太平洋并途经加拿大北极群岛的漫长航道。在该航道成功开辟一条航线是航海史上最大的挑战之一，这将打开欧洲和亚洲之间的贸易通道。然而，由于航道极其危险，水手们不得不绕着巨大的冰山航行，致使大多数航行以失败告终。从15世纪末开始，人们试图找到穿越冰山的途径。1906年，挪威探险家罗阿尔·阿蒙森（Roald Amundsen）成为第一位完全经由海上航线穿越西北航道的人。直到20世纪60年代末，西北航道的商业航运才正式启动，不过仅在夏天开放。

洋盆 地球表面的大型洼地，位于世界主要海洋的底部。

光合作用 植物和其他生物将二氧化碳、水和太阳光转化为有机物并释放氧气的化学过程。光合作用产生的氧气被释放到大气中，合成的有机物成为植物的能量来源。

浮游植物 栖息在海洋上层和淡水水体中的小型植物。它们通过光合作用获得能量，全球大约一半的光合作用是浮游植物完成的。

热带化 气候变化引起的一个地区暖水物种数量增加的现象。

水柱 从海洋、湖泊或河流的表面到底部的垂直水域。海洋学家用水柱这一概念来描述不同深度的水的物理性质和化学性质。

河口

30秒探索神秘的海洋

3秒钟冲浪
河口环流的特点是河口底部的盐水向陆流动，表面的淡水向海流动，导致盐分向陆流动。

3分钟探索
河口是全球生产力最高的生态系统类型之一，深受人类活动的影响。75%的城市位于河口，但我们在开发河口时常常违背自然规律。例如，为了容纳吃水不断增加的现代集装箱船，港口需要加深航道，但航道的加深可能会威胁到饮用水供应。在实际生活中应用河口动力学知识将有助于评估人类活动对河口系统的影响。

河流将淡水输送到海洋，让淡水与海水相遇，由于海水盐度大，海水便迅速向陆流动（于是海水中大量的盐迅速向陆流动），双层河口环流便形成了。由于世界上大多数城市位于河口，长期以来，人们一直对控制河口环流的因素以及盐分向陆流动的范围大小很感兴趣。大普林尼最早发现河口环流现象，他指出伊斯坦布尔海峡的渔船逆流而上，漂向黑海，而它们撒下的渔网则漂向岸边。近2000年后，马丁·克努森发明了一个简单的关系式，指出河口环流与河流流量成正比，但与海面和海底的盐度差成反比。20世纪50年代，唐纳德·普里查德（Donald Pritchard）发展了现代河口环流理论，称双层水流的强度与向陆盐度梯度成正比。河水将盐分推向大海，增大了这种梯度。但就像压缩弹簧一样，河口水流的强度会加大，同时限制河流向海洋输送盐分的能力。然而，海底盐池向陆移动的范围随着河道深度的增加而剧增。因此，河口航道随着疏浚和海平面上升而加深，河口理论预测未来盐水将进一步向陆上溯。

相关话题
另见
为什么海水是咸的 第14页
反向河口：以地中海为例 第38页

3秒钟人物
大普林尼
Pliny the Elder
23—79
古罗马博物学家、哲学家、作家、军事指挥官，他记录的关于双层河口流的观察结果具有重大意义。

马丁·克努森
Martin Knudsen
1871—1949
丹麦物理学家、海洋物理学家，开发了精密温度计并将其用于测量北大西洋的深海温度。

本文作者
罗伯特·钱特
Robert Chant

河口由物理过程塑造，是地球上生产力最高的生态系统类型之一，但深受人类活动的影响。

反向河口：以地中海为例

相关话题

另见
为什么海水是咸的　第14页
海洋就像千层蛋糕　第18页
陆架边缘海　第40页

本文作者
友恩–杰恩·莱恩

3秒钟冲浪
在地中海浅滩（浅海），阳光令游客心旷神怡，但也会导致海水过度蒸发，使流入其中的北大西洋海水盐度增加，让开放水域的游泳者获得更大的浮力。

3分钟探索
盐度较低的北大西洋海水与密度较大、盐度较高的地中海溢流在直布罗陀海峡发生交换，意味着地中海本身就存在明确的分层。地中海表面只有极少量的氧气能够混入较深的盐层，而且它们很快就会随着掉落海中的腐殖质的分解消耗殆尽。在某些地方，海底盐池进一步限制了生命的存在。

啊，地中海！这片浅海由阿尔沃兰海、巴利阿里海、第勒尼安海、伊奥尼亚海、亚得里亚海和黎凡特海等附属海域组成，它将欧洲与非洲分隔开来，让人联想到在美丽的海边度过的诗情画意、阳光明媚的夏日假期。事实上，在这个相对干旱的地区，大量的水分在阳光下蒸发，蒸发掉的淡水比来自雨水、河流的淡水还要多。这使得地中海成了一个"反向河口"，北大西洋的海水经地中海流入直布罗陀海峡，在这个过程中经历了蒸发，并在流至地中海盆地周围时形成环流，导致盐度大幅上升，流出地中海时，则形成了高密度含盐溢流，具有较大的深度。含盐溢流为形成于北大西洋的一些密度更大的水体提供了重要水源，这些水体驱动了北大西洋经向翻转环流。位于地中海东南端的苏伊士运河将具有相同盐度的地中海和红海相连。随着全球海洋变暖，北大西洋和红海正在给地中海带来更多的暖水物种。这些生物通过热带化过程改变着这里的海洋生物多样性。目前，地中海的珊瑚礁生态系统主要由海藻而非热带珊瑚构成，未来情况如何尚不明确。

温度升高的海水流入地中海，给地中海带来了新物种。

MER

MEDITERRANEE

陆架边缘海

30秒探索神秘的海洋

3秒钟冲浪
陆架边缘海将大陆块和海洋分开，属于条件极为多变的区域。

3分钟探索
在陆架边缘海可能会形成潮混合锋。潮混合锋分隔了形成季节性分层（较温暖的表层覆盖较深且较冷的底层）的水域和因潮汐搅动水柱产生湍流而不形成分层的水域。潮混合锋对海洋生物至关重要，因此深受渔民的喜爱。

陆架边缘海是将大陆块与浩瀚的海洋分隔开来的浅海（50～200米深）。尽管陆架边缘海的面积仅占海洋总面积的7%，但它们在连接陆地与海洋上发挥着关键作用。将雨水输送回海洋的河流大都注入陆架边缘海。这导致了海岸附近盐度的巨大变化。例如，默西河、迪河和里布尔河这三条支流汇入爱尔兰海的利物浦湾，邻近海岸处的盐度约为32‰，而离岸48千米处的盐度为34.5‰。陆架边缘海往往会出现强劲的潮汐。这意味着在某些地区，在太阳加热与河流淡水的共同作用下，垂直分层（水柱分层）便形成了，而在其他地区，潮汐会产生迅猛的湍流，阻止分层。因此，在相对较短的距离内，条件也可能存在较大差异，例如，巴塔哥尼亚东南部陆架边缘海的绝大部分始终自上而下合为一体，但在夏季，分层出现在南纬51°以北，因为那里的潮汐较弱。

相关话题
另见
海洋就像千层蛋糕 第18页
潮汐 第28页
河口 第36页

3秒钟人物
约翰·哈罗德·辛普森
John Harold Simpson
1940—
英国海洋学家，以爱尔兰海为实验对象，发现潮混合、河流淡水和太阳加热之间的竞争效应决定了陆架边缘海锋面的位置。

本文作者
汤姆·里普斯

在陆架边缘海，渔场数目众多，尤其是在靠近潮混合锋的位置。

大西洋

30秒探索神秘的海洋

3秒钟冲浪
大西洋连接着两个极地地区，其中的海水会进行巨大的螺旋状运动（称为环流），大西洋作为全球海洋输送带的一部分，其中的海水也会发生翻转。

3分钟探索
墨西哥湾流和北大西洋暖流是由胡安·庞塞·德莱昂（Juan Ponce de León）于1512年发现的，但二者洋流图的绘制最早是由本杰明·富兰克林在1769年完成的，当时富兰克林是英属北美殖民地邮政总局局长。这些洋流也对三角贸易以及第二次世界大战大西洋战役中双方海军指挥官的战略制定产生了重要影响。

大西洋是主要海洋中最为狭长的那个，它从南大洋一直延伸到拉布拉多海和北欧海域，与格陵兰岛相接。和其他主要的海洋一样，大西洋上空的风驱动了被称为环流的大型循环水流。在南北两个半球的副热带环流（纬度为20°至40°）中，海水从海洋表面最宽阔的地方缓慢流向赤道，在靠近西部边界时形成强劲而狭窄的洋流，然后向极地回流。在北大西洋副热带区域，强劲的西部边界流被称为墨西哥湾流。它在哈特拉斯角离开美国海岸，蜿蜒穿过被称为北大西洋暖流的海域，将温暖的海水一路带到西欧、斯堪的纳维亚半岛，最终到达北极。北大西洋暖流是全球海洋输送带的一部分。它在向北流动的过程中携带的大量热量有可能因气候变化而发生重大改变，从而改变海洋生物的分布，加速北极海冰的流失，并影响区域天气。

相关话题
另见
将阳光存储为热量 第16页
全球海洋输送带 第58页

3秒钟人物
本杰明·富兰克林
Benjamin Franklin
1706—1790
美国开国元勋之一，第一个绘制墨西哥湾流图的人。

亨利·施托梅尔
Henry Stommel
1920—1992
美国海洋学家，其关于风生环流和墨西哥湾流的理论构成了当今海洋物理学的基础。

本文作者
海伦·约翰逊
Helen Johnson

本杰明·富兰克林首先绘制了墨西哥湾洋流图，这是大西洋西侧一条狭窄而强劲的洋流。

颠倒的海洋：北极

30秒探索神秘的海洋

3秒钟冲浪
存储在海洋中的大量热量很容易对北极海冰造成影响——这些热量足以融化整个海冰覆盖层。

3分钟探索
北极海冰的高反射率（或"反照率"）确保了夏季太阳照射到冰上的大部分光线被反射回太空，从而抑制了北极变暖和全球变暖。近几十年来发生在夏季的海冰消失意味着海洋吸收了更多的太阳辐射。变暖的海水反过来加剧了海冰的融化，通过一个称为"冰-反照率反馈"的变暖循环系统进一步促进了对太阳辐射的吸收。

北冰洋与世隔绝，一年中大部分时间都隐藏在薄薄的海冰层之下。它的冰层只有几米厚，而冰层下的海洋深度超过5000米——好比用一张纸覆盖着一个游泳池。北冰洋被陆地包围，陆地上有狭窄的海峡，来自太平洋和大西洋的温暖海水经这些海峡流入北冰洋。较暖的海水具有较高的盐度，因此较重，位于紧贴着海冰覆盖层的较冷的海水（盐度较低、较轻）下方。这种奇特的温度分布不同于包括太平洋和大西洋在内的其他海洋，这些海洋中越深的水域温度越低。在北冰洋，"温暖"是相对的：哪怕是最温暖的水域，温度也仅比冰点高出几摄氏度，但它们的热量却给海冰带来了危险。这些热量中的大部分目前仍被封锁在北冰洋深处，无法到达海面，无法接触海冰。如果这些热量在强风的作用下翻涌到海面上，整个海冰覆盖层就会融化。

相关话题
另见
南大洋 第48页
被冰冻的海洋：冰川和冰架
第50页

3秒钟人物
约翰·富兰克林
John Franklin
1786—1847
英国探险家，1847年在穿越北冰洋寻找西北航道的探险中失踪。

弗吉尼亚·弗朗西丝
Virginia Frances
特威斯尔顿-威克姆-法因斯
女爵
Lady Twisleton-Wykeham-Fiennes
1947—2004
英国科学家，第一位获得极地奖章（Polar Medal）的女性，第一支成功到达两极的探险队环球探险队（Transglobe Expedition）由她带领。

本文作者
玛丽-路易斯·蒂默曼斯
Mary-Louise Timmermans

北冰洋的热量可以融化上层的海冰。

1861 年 10 月 10 日
出生于挪威克里斯蒂安（现
奥斯陆）

1882 年
3 月 11 日，开始为期 5 个
月的"维京"号海上航行

1886 年至 1887 年
发表有关海洋生物神经解
剖学的重要文章

1896 年
8 月，在特罗姆瑟与"弗
雷姆"号船员会合

1881 年
开始在克里斯蒂安的皇家
弗雷德里克大学（现奥斯
陆大学）学习动物学

1882 年
成为卑尔根博物馆动物藏
品管理员

1888 年
6 月 3 日，从冰岛启航，
登陆格陵兰岛西海岸后，
于 8 月 15 日开始横跨格
陵兰岛，10 月 3 日抵达东
海岸的努克

1897 年
出版《极北之旅》一书

1900 年
任北海研究国际实验室
（International Lab for
North Sea Research）
主任，创立国际海洋开发
委员会（International
Council for Exploration
of the Sea）

1889 年
与埃娃·萨尔斯（Eva
Sars）成婚，两人育有 5
个孩子

1893 年至 1894 年
"弗雷姆"号于 1893 年
6 月 24 日启航，南森和约
翰森于 3 月 14 日开始乘
雪橇前往北极，于 1894
年 4 月 3 日 到 达 北 纬
86°13'6" 附近

1920 年
成为国际联盟（League
of Nations）的 3 名挪威
代表之一，组织遣返 50
万名战俘，为没有国籍的
难民设置的"南森护照"
（Nansen Passport）直
到 1942 年得到了 52 个国
家的承认

1922 年
因人道主义工作获得诺贝
尔和平奖

1930 年 5 月 13 日
因心脏病发作，于挪威奥
斯陆离世

弗里乔夫·南森

FRIDTJOF NANSEN

1861年，弗里乔夫·南森出生在一个距离挪威克里斯蒂安（现奥斯陆）以北几千米的地方。成长过程中，南森流连于山林之间，他热爱户外冒险，擅长冬季运动。

1882年，动物学本科在读的南森为了研究北极野生动物，参加了往返格陵兰岛和斯匹次卑尔根岛的为期5个月的航行。他得出了与当时的观点截然相反的推论：海冰是在海面之下而不是海面之上形成的，温暖的墨西哥湾流水在较冷的表层下流动。

回到挪威后，南森没有回校，而是成了卑尔根博物馆的动物藏品管理员。在那里，他开始从事神经解剖学这一新兴领域的研究，发表了有关海洋生物神经元理论的重要研究成果。但内心深处的野性召唤着他，甚至在1888年，在神经解剖学博士学位的答辩结果尚未公布之时，南森就迫不及待地踏上了穿越格陵兰岛的探险之旅。他带领一个由6名探险家组成的团队，一路航行、攀爬、滑雪，并沿途进行气象观测，在49天内从冰岛到达格陵兰岛的努克。

1889年，南森与埃娃·萨尔斯喜结连理，在经历了一段短暂的蜜月时光之后，南森开始了他最著名的探险之旅——乘坐一艘冻结在浮冰中的船抵达北极。1893年6月，在南森的第一个孩子出生后不久，这艘特别设计的"弗雷姆"号就启航了。南森认为北上的进程过于缓慢，于是决定乘雪橇去北极。南森与亚尔马·约翰森（Hjalmar Johansen）同行，在1894年4月3日到达旅程的最北端——北纬86°13′6″，然后他们将目光投向法兰士·约瑟夫地群岛（Franz Josef Land）。1896年8月，"弗雷姆"号终于破冰而出，成功抵达目的地，二人与船员重聚。

在随后前往北大西洋和北极的科考航行中，南森发明了"南森瓶"，用于采集特定深度的海水样本。这些瓶子被系在绳子上，倒置并打开后沿着绳子向下传送。当受到来自上方的重力冲击时，瓶子会翻转并关闭，将水截留在瓶内。南森瓶上还装有颠倒温度计，在温度计翻转时读数不会改变，如此一来，瓶子可以精确测量特定深度处的海水的性质。现代版的南森瓶至今仍在使用。

南森还参与了遣返和安置战俘与难民的重要人道主义工作，并于1922年获得诺贝尔和平奖。8年后，也就是1930年，南森与世长辞。

友恩-杰恩·莱恩

南大洋

30秒探索神秘的海洋

3秒钟冲浪
波涛汹涌、风雨交加的南大洋连通了南极洲附近的太平洋、大西洋和印度洋海域，吸收了大量的二氧化碳，是各种野生动物的栖息地。

3分钟探索
冬季，南极洲附近的海面结冰后形成海冰；夏季，海冰融化。当海水结冰时，纯水分子排列成晶格，拒绝海盐和盐水的加入。这些盐水与海面以下温度接近冰点的海水混合，汇聚在海冰形成区的下方，形成密度极大的水体，最终沿大陆坡而下，同时向北扩散，填满深海的大部分区域。

陆地的面积约占地球总面积的30%，却将海域分割开来，这让渴望环游世界的水手们备感沮丧。让他们高兴的是，在18世纪70年代，詹姆斯·库克船长证实，遥远的南方大陆被狂风暴雨肆虐的南大洋所取代（一些较大的海浪就是由南大洋的强风带来的）。南大洋驱动着南极绕极流。该洋流仿佛无数细丝和旋涡组成的辫状河，永不停息地向东流动，每秒携带超过1.3亿立方米的海水，连接南极洲周围的太平洋、大西洋和印度洋。在南极洲海面，你可以从融化的季节性海冰、冰架和冰川中找到盐度较小的淡水，而海面以下的水体密度更大、温度更高、营养更丰富，它们来自纬度更低的水域。南极绕极流以南靠风力驱动的上升流将一些深层营养物质带到海面，帮助南大洋的主要生产者——海冰藻类和浮游植物进行光合作用。这些初级生产者在全球碳循环中扮演着重要角色，待大气中的二氧化碳溶解在海水中后，它们将其转化为碳水化合物。它们还为生产力极高的南极食物网提供支持，并吸引了许多鲸鱼、海豚、海豹、海象和企鹅等。

相关话题
另见
全球海洋输送带 第58页

3秒钟人物
詹姆斯·库克
James Cook
1728—1779

皇家海军军官、探险家、航海家、制图专家，其航行证明南大洋是连成一片的。据传，他在夏威夷去世后，尸骨无存。

珍妮·苏格拉底
Jeanne Socrates
1942—

2019年9月7日，她取代日本人斋藤实（Minoru Saito）成为世界上完成不间断单人环球航行的最年长者（斋藤实于2011年以71岁高龄获得该称号）。

本文作者
友恩-杰恩·莱恩

库克船长发现，海风肆虐、波涛汹涌的南大洋环绕着南极洲，将太平洋、印度洋和大西洋连接起来。

被冰冻的海洋：冰川和冰架

30秒探索神秘的海洋

3秒钟冲浪
对于大部分在冰川中流动的冰而言，海岸是旅途的终点，这些冰川在融化时给海洋注入了大量的淡水。

3分钟探索
海冰与南极洲周围厚厚的浮冰架大不相同。当空气冷到足以直接冻结海面时，海冰就会形成，随着时间的推移，海冰的厚度会达到数米。不同于坐落在基岩上的冰川，海冰和冰架融化都不会直接导致海平面上升，因为它们本就漂浮在海洋上。

对于许多因自身融化或因冰山形成而消失的冰川，海洋是最终的归宿。较小的冰川，如格陵兰岛或加拿大北极群岛的冰川，通常会在延伸至海底的垂直冰崖上后突然消失不见。在南极洲附近，冰川厚度可以超过1000米，在那里，人们发现了巨型冰架。作为冰盖的延伸，这些冰架将下面的深海空洞隐藏起来。虽然光线无法穿过上层的冰，但在这些深海空洞中仍然存在丰富多彩的生命。当冰川离开海底时，上方冰的重量产生的高压会降低下方冰的熔点，促使冰川底部融化。由此产生的底部融水以浮力羽流的形式上升到冰川的底部，从而驱动空洞内的循环。来自冰川下方河道的河流中的融水、从冰川表面跌落的瀑布和冰川融水共同为极地海洋增加了大量淡水。在南极洲的一些地区，温暖的洋流正在导致冰川迅速融化和收缩，这是全球海平面上升的主要原因。

相关话题
另见
南大洋 第48页
漂浮着的海冰：冰山 第52页
冰川作用 第70页

3秒钟人物
詹姆斯·克拉克·罗斯
James Clark Ross
1800—1862
英国皇家海军军官、探险家，曾多次率领探险队前往两极海域，他将路途中发现的巨大冰崖简单称作"屏障"，后人将其命名为罗斯冰架。

本文作者
塞巴斯蒂安·罗齐尔
Sebastian Rosier

浮冰架"锋面"可高出海面数十米，十分壮观。

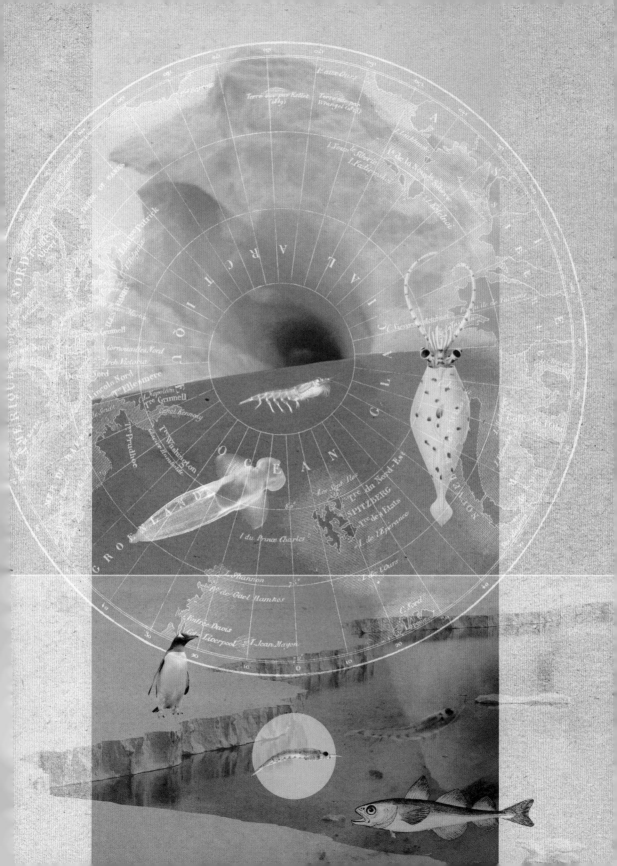

漂浮着的海冰：冰山

30秒探索神秘的海洋

3秒钟冲浪
冰山从冰川和冰架中崩解，然后在洋流中持续融化数月，影响周边水域的物理和生化特性。

3分钟探索
冰山通常拥有巨大的体积，但由于它们发源于全球人迹罕至的地区，对它们进行监测便十分困难。许多厚度不足1000米的冰山从来都没有被观测过。冰山缺乏监测的例外情况主要发生在西北大西洋，1912年泰坦尼克号沉没后，国际冰情巡逻队开始定期监测航线上的冰况，这一做法一直持续至今。

冰山从冰川和冰架中分离出来，是漂浮在海中的大块淡水冰。它们分布在两极地区，宽可小至几米，大到数百千米。体积较大的冰山，如果是从南极冰架上崩解出来的，通常呈扁平状，但如果是位于西北大西洋，则多数形状不规则。这些冰山的密度小于周围的海水，这意味着冰体的六分之五处于海面以下。冰体看得见的部分和看不见的水下轮廓给航运和海底生态系统都带来了危险。冰山的生命周期从几天到几年不等，取决于它们的来源和为它们指引方向的洋流。从冰山的水下基座流出的融水通常会以浮力羽流的形式上升到海面，从而减小周围水域的密度。这些水域中包含了因冰川流入大海时发生侵蚀和沉积而汇聚起来的无机沉积物和有机沉积物。当这些沉积物随冰川融化而被释放时，海水营养水平就可得到提升。当它们继续以海洋沉积物的形式存在时，它们也能够为历史气候测量提供便利。由于冰川融化加速，冰山的数量可能正在增加。

相关话题
另见
南大洋 第48页
被冰冻的海洋：冰川和冰架
第50页

3秒钟人物
爱德华·史密斯
Edward Smith
1850—1912
泰坦尼克号船长。1912年，豪华游轮泰坦尼克号在其首航途中因撞击北大西洋冰山而沉没，船长从此声名狼藉。

弗里乔夫·南森
Fridtjof Nansen
1861—1930
极地海洋学家，观察到冰山的漂移方向与风向成一定角度，在此基础上有了关于风如何驱动海洋表层洋流的重要发现。

本文作者
格兰特·比格
Grant Bigg

冰山形状各异，大小不一，但相同的是它们均在海面之下无限延伸。

海洋、天气与气候 ❶

术语

人为全球变暖 由人类活动排放的二氧化碳等温室气体引起的地球大气平均温度升高。

大气压力 空气对物体表面施加的力。大气压力可用气压计进行测量，也称为气压。

气候模型 模拟大气、海洋、陆地表面和冰之间的相互作用的计算机模型。

食物网 生态系统中相互关联的食物链组成的复杂网状结构。食物网由三个层次组成：（通常经过光合作用）为自己制造食物的生产者；以植物和其他动物为食的消费者；以动植物遗体为生的分解者。

全球碳循环 地球上主要碳库（大气、海洋、地壳、地幔以及化石燃料）之间的碳交换。海洋吸收二氧化碳，对控制大气中的二氧化碳浓度起着至关重要的作用，然而吸收二氧化碳增加了海洋的酸度。

印度洋偶极子 印度洋西部和东部之间海面温度不规则波动的现象。

末次冰盛期 地质史上最后一个冰期中冰川规模达到最大的时期。

海沟 位于海底的狭长洼地。

翻转环流 表层洋流与深层洋流构成的系统，将水分、热量、盐分和营养物质输送到世界各地。

风暴轴 海洋中由盛行风引起风暴的狭窄区域。

信风 从北半球东北部和南半球东南部吹向赤道的盛行风。因其对往返欧洲和美洲的商船的重要性而得名。

全球海洋输送带

30秒探索神秘的海洋

相关话题

另见

大西洋 第42页

南大洋 第48页

3秒钟人物

华莱士·史密斯·布勒克

Wallace Smith Broecker

1931—2019

地球化学家，他推广了全球海洋输送带理论，并使"全球变暖"一词变得家喻户晓。

本文作者

海伦·约翰逊

3秒钟冲浪

全球海洋输送带是一个巨大的翻转环流，它在大西洋向北输送热量，因此对气候非常重要。

3分钟探索

翻转环流是全球碳循环的重要组成部分，当高纬度地区形成的冷水下沉时，它会自然地将碳封存在深海中。自从工业革命以来，我们向气候系统排放的大部分二氧化碳和热量都在翻转环流的作用下进入了深海，从而减轻了二者对海洋表面温度的影响。

在整个大西洋中，海面以下1000米（平均而言）的温暖盐水向北流动，而大西洋西侧深度在1000～3000米的温度较低、密度较大的海水向南流动，二者互补。如此一来，北大西洋高纬度地区的海水在大气的冷却作用下温度骤降，海水的密度让自身能够下沉至海洋更深处。在南大洋吹来的强劲西风以及印度洋和太平洋潮汐造成的海洋混合的作用下，这部分海水又回到了海面。这种环流被称为翻转环流或全球海洋输送带。该输送带将大量的热量向北输送到大西洋高纬度地区，最终释放到大气中，对决定西欧天气的风暴轴产生影响。因此，全球海洋输送带对区域气候有重大影响：输送带内的温度高于该纬度的平均温度。它通过影响热带和亚热带海面的温度，对非洲的降雨产生深远影响，还可能影响飓风的统计数据。据气候模型预测，由于全球变暖，全球海洋输送带在未来可能会显著减弱。

全球海洋输送带影响着大西洋沿岸和其他区域的天气与气候。

太平洋与厄尔尼诺

30秒探索神秘的海洋

3秒钟冲浪
厄尔尼诺现象发生期间，赤道附近、太平洋西部的"暖水池"将变浅，而东部的"冷水舌"将变暖。

3分钟探索
厄尔尼诺现象随着全球变暖出现得更加频繁。据预测，未来厄尔尼诺现象的发生频率会更高。厄尔尼诺是地球上规模最大的气候波动，造成了21世纪第二个10年末前所未有的全球变暖。北半球的极端天气，包括北美洲的"极地涡旋"、欧洲的"东方野兽"和日本的严冬，都与源自赤道太平洋海域的厄尔尼诺现象引起的大气扰动有关。

巨大的太平洋几乎覆盖了地球表面的三分之一，从北冰洋一直延伸到南极洲周围的南大洋。太平洋边缘被称为"火环"，有着一系列火山岛和深海海沟，包括近11千米深的马里亚纳海沟。从西方吹来的强劲信风沿着赤道将被太阳加热的海水堆积在西太平洋的"暖水池"中，引发东南亚的强暴雨。当东太平洋表面的海水被吹向西方时，温度较低的富有营养的海水则向上涌向海面，成为赤道上与生产性渔业相关的"冷水舌"。因此，赤道太平洋温跃层——表面温暖海水和较冷深海水之间的过渡层——从西向东倾斜。当信风中断或赤道太平洋温跃层下降时，通常西部的海面变得异常寒冷，而东部的海面变得异常温暖。秘鲁的渔民以圣婴的名字将这种气候波动现象命名为"厄尔尼诺"，它从6月开始出现，12月或次年1月达到顶峰，一直持续到次年5月，历史上每7～10年发生一次。厄尔尼诺减少了东南亚的降雨量，给澳大利亚北部带来了干旱，南美海岸的暴雨和落后的渔业也是厄尔尼诺造成的。

相关话题
另见
海洋就像千层蛋糕 第18页
飓风和台风 第66页
海洋生物碳泵 第78页

3秒钟人物
马克·凯恩
Mark Cane
史蒂夫·泽比亚克
Steve Zebiak
活跃于20世纪80年代

1985年，这两位气候学家发明了第一个能够准确预测来年厄尔尼诺现象的计算机模型。

本文作者
友恩-杰恩·莱恩

厄尔尼诺破坏太平洋温跃层和环流，影响区域天气。

1917 年 10 月 19 日
出生于奥地利维也纳

1939 年
在斯克里普斯海洋研究所做暑期工，成为一名美国公民

1939 年
获得加州理工学院应用物理学学士学位，次年获得地球物理学硕士学位

1940 年
应征参加美国陆军

1941 年
离开部队前往斯克里普斯海洋研究所进行国防相关的重要研究

1961 年
进行莫霍计划的首次钻探试验

1963 年
开启名为"穿越太平洋的海浪"（Waves Across the Pacific）的实验

1968 年
成为美国政府杰森科学咨询小组（JASON scientific advisory panel）的一员

1991 年
在赫德岛进行超声波层析成像可行性实验

2001 年
获得阿尔伯特一世纪念奖 章（Prince Albert I Medal），这是他获得的一长串著名奖项中距今最近的一个

2019 年 2 月 8 日
在加利福尼亚州拉霍亚的家中去世，享年 101 岁

沃尔特·芒克

WALTER MUNK

1917年，沃尔特·芒克出生于奥地利维也纳。在他14岁时，家人将他送到纽约上州一所学校就读，希望他将来能够步入银行业。然而，在1937年，芒克转而攻读自己喜欢的物理学学位。1939年，在斯克里普斯海洋研究所打暑期工期间，他开始对拉霍亚心驰神往，他的海洋学生涯从此揭开了帷幕。对拉霍亚的激情褪去之后，芒克仍留在斯克里普斯，在哈拉尔德·斯维德鲁普（Harald Sverdrup）的指导下攻读博士学位。在第二次世界大战期间，芒克与斯维德鲁普合作预测海滩上的海浪条件。盟军在北非、太平洋和诺曼底登陆期间，他们发明的方法挽救了无数生命。在太平洋测试原子武器期间，芒克还进行了海洋学测量，开创了海啸预警方法，这一方法后来被纳入现代预警系统。

战争结束后，芒克成为斯克里普斯海洋研究所的一名教授，他和妻子朱迪（Judy，设计师、艺术家、建筑家）在斯克里普斯海洋研究所发展为举足轻重的研究机构的过程中发挥了关键作用。他研究各种各样的问题，提出具有挑战性的有关海洋的基本问题，并经常开创新的学科领域。在完善风力驱动环流理论方面他功不可没，他还研究了地球自转变化的影响，并将现代统计技术应用于解决海潮、内波和海洋混合问题。

芒克对于海洋表面波的兴趣始终如一。1963年，他带领探险队观察南大洋风暴驱动的海浪在全球的传播，这在电影《穿越太平洋的海浪》中有所体现。20世纪50年代，芒克和他的同事发起了旨在钻探地幔的莫霍计划。这为后来开展海洋沉积物钻探的长期国际合作（国际大洋发现计划）奠定了基础。

芒克最知名的贡献可能是开创了声学层析成像研究领域，以及使用声学信号测量海洋温度的大幅度变化。1991年，最初的赫德岛可行性实验证明了水下的声音能够从南印度洋传播到所有洋盆，是"全世界都能听到的声音"。

芒克指导并激励了一代又一代的科学家，提倡"提出正确的问题比得到正确的答案更重要"的观点。他毕生从事科学研究，同时担任政府顾问，直到2019年去世为止（享年101岁）。

海伦·约翰逊

印度洋与季风

30秒探索神秘的海洋

3秒钟冲浪
要么不下雨，要么就是倾盆大雨：印度次大陆和印度洋之间的气压梯度会引发季风，导致降雨量发生剧烈的季节性变化。

3分钟探索
在人为因素引起的全球变暖中，超过90%的多余热量被海洋吸收。在全球0～700米深的海洋上层，净变暖的近一半是印度洋导致的。这意味着印度洋上层吸收的热量与地球上所有其他海洋上层吸收的热量相同。印度洋温度的升高对季风系统具有重大影响。

印度洋是地球上第三大海洋，也是最独特的海洋之一，这是由于季风的存在。季风一年两次，具有完全颠倒的风向和降雨模式，造成海洋表面环流模式的季节性变化。对于养活了世界三分之一人口的农作物而言，季风是灌溉的重要水源。这些季节性风向变化的驱动因素之一是印度洋以北的亚洲和印度次大陆。陆地和海洋的升温与降温速度不同，在夏季，次大陆的陆地升温速度比周围的海洋快。因此，陆地和海洋之间产生了气压差，来自海洋（高压）的风将更多的水分带向陆地（低压）。当带有水分的空气上升到温度较低的印度次大陆山区时，这些水分将以雨水的形式降落。印度次大陆一些地区的年降雨量超过10000毫米。这些与季风有关的降雨模式很难预测。例如，厄尔尼诺和印度洋偶极子等不可预测的气候现象会极大地影响季风降雨的变化，从而影响数十亿人的生计。

相关话题
另见
太平洋与厄尔尼诺 第60页

本文作者
亚力杭德拉·桑切斯－弗兰克斯
Alejandra Sanchez-Franks

陆地和海洋之间的温差导致风向的变化，从而产生季风。

飓风和台风

30秒探索神秘的海洋

相关话题
另见
太平洋与厄尔尼诺 第60页
机器人的崛起 第108页

3秒钟人物
罗伯特·辛普森
Robert Simpson
1912—2014
美国气象学家，专门研究飓风，曾主持美国国家飓风研究项目（头4年）。他的夫人乔安妮也是一位气象学家。

乔安妮·辛普森
Joanne Simpson
1923—2010
第一位获得气象学博士学位的女性。她发现了云是如何决定大气中的能量结构的，后来与丈夫罗伯特·辛普森一起研究飓风。

3秒钟冲浪
飓风是一个巨大的旋转气团，它通过从海洋中吸收热量来为自己提供动力。

3分钟探索
用卫星雷达高度计测量海面高度可以帮助气象预报员确定海面下蕴藏着多少热量，因为海水体积随温度升高而膨胀，暖水层厚度越大，海面也就越高。然而，要想准确估计海洋热量，需要进行足够的海下测量，例如我们可以借助机器人观测仪（如剖面探测浮标或滑翔机）获取测量数据。

飓风、台风和旋风是发生在不同海洋中的热带风暴的系列名称（在大西洋、墨西哥湾、加勒比海和北太平洋东部叫作飓风，在西太平洋和南海叫作台风，在其他地方叫作旋风）。它们具有相同的基本动力，都从海洋表面吸收热量和水分，驱动对流、云、雨和强风的形成。它们都呈螺旋状（不过南北半球风暴的旋转方向相反）。热带风暴是一种既迷人又可怕的流体现象，造成了人类历史上一些致命的、损失重大的灾难。它们在特定的地点和季节反复出现。随着地球变暖，热带风暴可能会越来越强劲。随着计算机模型和观测系统的改进，热带风暴预报系统一直在稳步完善。然而，风暴强度的发展变化往往令人惊讶，因为尽管卫星上的红外成像仪可以观测到海洋表面的温水，但强劲风暴会催生强大的洋流，这些洋流会将海面以下（100米或更深）的水混合在一起，特别是当风暴移动缓慢时。在一些地方，这些混合的水仍然是温暖的，它们让风暴得以持续，而在另一些地方，这些水是寒冷的，会导致风暴自行停息。

本文作者
詹姆斯·格顿
James Girton

热带风暴的出现是海洋和大气共同作用的结果，代表二者的力量同时达到了巅峰。

二氧化碳吸收与海洋酸化

30秒探索神秘的海洋

3秒钟冲浪
人类排放的二氧化碳使海洋酸度增加,同时影响着海洋生物;紧急减排将有助于减缓气候变化。

3分钟探索
通过实验和观测发现,未来的海洋酸化将影响许多海洋生物,同时影响海洋生物多样性、生态系统以及它们为人类提供的优质服务。当前,海洋温度上升,含氧量下降,海平面上升,风暴也变得更加强劲。如此种种连同海洋酸化一起,对未来的海洋生物及其生态系统构成了多重威胁。减少我们对化石燃料的依赖有助于减小这些威胁。

海洋酸化是由海洋吸收排放到大气中的二氧化碳引起的,这些二氧化碳的主要来源是化石燃料的燃烧。这种吸收改变了海洋的酸度和海水的化学性质,许多海洋生物依赖二者为生。现在,海洋酸化正在以数百万年来前所未有的速度发生着,而且随着二氧化碳排放的增加,它还将继续下去。在过去200年间,海洋酸度增加了30%,如果二氧化碳排放量继续保持目前的增长速度,到2100年,海洋酸度将增加150%。海洋基本化学性质的这种翻天覆地的变化可能会对海洋生物产生广泛的影响,对于利用碳酸钙生成壳体或骨骼的生物,如贝类和珊瑚的影响尤其大。食物网中的关键物种已经受到影响,热带珊瑚礁等重要生态系统亦然。如果我们任由这种深刻变化继续下去,人类的粮食供应和生计必然会受到影响。海洋酸化在全球范围内给我们带来威胁,我们也能在地方和区域层面感受到它的影响。减小海洋酸化影响的最有效方法是迅速大幅度减少全球二氧化碳排放。

相关话题
另见
海洋生物碳泵 第78页
潮间带 第80页
珊瑚礁 第82页

本文作者
卡罗尔·特利
Carol Turley

化石燃料燃烧产生的二氧化碳会导致海洋酸化,这会对许多海洋生物,特别是有壳的海洋生物产生影响。

冰川作用

30秒探索神秘的海洋

相关话题
另见
海平面上升 第22页
南大洋 第48页
被冰冻的海洋：冰川和冰架
　　第50页
漂浮着的海冰：冰山
　　第52页

本文作者
马蒂亚斯·格林

20000年前，地球看起来与如今大不相同。几千米厚的大冰原或冰川覆盖了北美、北欧和俄罗斯的大部分地区，其中安第斯山脉和阿尔卑斯山脉的冰川较大。那是我们所说的末次冰盛期——末次冰期的巅峰时期。大约18000年前，这些冰迅速融化，大量融水进入海洋。由于大量的水滞留在冰原中，当时的海平面比当前最多低了130米，随着冰的融化，所有这些水重新注入海洋，海平面迅速上升，大片裸露的海底得到填充。这也极大地影响了海洋环流。因为淡水的密度比海水小，所以淡水浮在海水之上，使得在极地海洋上层很难形成真正高密度的水。如此一来，深水形成减少，其结果是当冰融化时，具有大规模调节气候、重新分配热量等作用的翻转环流的速度也会减慢。综上所述，由于当时气候常年凉爽，所以冰层融化花费了数千年的时间。

3秒钟冲浪
在20000年前的第四纪冰期，海平面比当今低，海洋运动也更加缓慢。

3分钟探索
海平面下降带来了一个奇怪的结果——第四纪冰期的大西洋潮汐规模比今天的大。随着海平面的下降，陆架边缘海逐渐干涸，改变了大西洋周围潮汐的运动方式。潮汐就像长长的海浪，如果不是受到周围陆架边缘海的限制，它可能会变得更大。

地球经历过一系列的冰川作用，其中几次发生在过去的**200万年间**。

活力海洋

术语

赤潮 海洋生态系统中藻类数量剧增的现象。藻类中的色素经常导致水体变色。

缺氧水 交换受到限制，耗氧速率大于复氧速率的水体。

生物发光 由浮游生物和某些细菌等产生和发出的光。

生物量 给定区域内生物体的总数量或总重量。

透光带 海洋的最上层，离海面最近，接收足够的阳光，为光合作用提供便利。

食物网 生态系统中相互关联的食物链组成的复杂网状结构。食物网由三个层次组成：（通常经过光合作用）为自己制造食物的生产者；以植物和其他动物为食的消费者；以动植物遗体为生的分解者。

水内冰 由快速冷却的水和风力产生的涡流或河流的湍流结合而成的冰晶。

温室气体 吸收地球大气层中热量的气体。六种主要的温室气体是：水汽、二氧化碳、甲烷、臭氧、氧化亚氮、氟利昂。

热液喷口 海底的裂缝，常见于活火山附近，被地热加热的海水从这里喷发而出。

关键种 对周围栖息地有重大影响的物种，对其他物种的生存至关重要。

水层区 包括整个海洋水柱的区域，不包括离海岸和海底最近的水域。

光合作用 植物和其他生物将二氧化碳、水和太阳光转化为有机物并释放氧气的化学过程。光合作用产生的氧气被释放到大气中，合成的有机物成为植物的能量来源。

浮游植物 栖息在海洋上层和淡水水体中的小型植物。它们通过光合作用获得能量，全球大约一半的光合作用是浮游植物完成的。

营养级 食物链中的环节。植物处于第一营养级，食草动物处于第二营养级，捕食者处于第三营养级，顶级捕食者处于第四营养级。

水柱 从海洋、湖泊或河流的表面到底部的垂直水域。海洋学家用水柱这一概念来描述不同深度的水的物理和化学性质。

浮游动物 漂浮在水面附近并随水流漂移的微小、只有微弱游动能力的生物，可分为两类：永久性浮游动物（如原生动物、有孔虫和磷虾）和暂时性浮游动物（包括海胆、鱼类和甲壳类动物的幼体）。

虫黄藻 以共生关系生活在石珊瑚中的微小藻类。虫黄藻进行光合作用，产生的化学元素为珊瑚提供能量来源。

海洋微生物

30秒探索神秘的海洋

3秒钟冲浪
微小的海洋生物对我们地球的健康至关重要，它们提供了我们呼吸所需的氧气和海洋食物网所需的能量。

3分钟探索
海洋中的浮游植物种类繁多。如果甲藻（一种浮游植物）大量存在，它们会形成水华，导致海水变红，这种现象被称为赤潮。这些甲藻会产生毒害贝类和人类的毒素。一些甲藻还具有发光功能，它们在受到扰动，如船舶尾流的扰动时会发出蓝绿光。

海洋中的生物大小千差万别，从巨鲸到肉眼看不见的微生物应有尽有。受体积限制，这些微生物不能游泳，被称为浮游生物（plankton），该词源自希腊语，意为"漂浮"。海洋中存在着大量的微型浮游生物。在一滴海水中，至少有100万种微型浮游生物。虽然它们很小，但由于数量众多，所有微型浮游生物的重量超过了海洋中所有鱼类的重量。微型浮游生物可分为不同的种类，如海洋病毒、海洋细菌和海洋浮游植物，每一种在海洋生态系统中都有不同的作用。海洋病毒入侵并杀死宿主细胞，在细胞间转移基因。海洋细菌是海洋中的"回收者"——它们分解有机物，用于促进其他生物的生长。海洋浮游植物是海洋的主要生产者。它们利用阳光进行光合作用，消耗二氧化碳和营养物质来生产有机物。浮游植物的光合作用对地球至关重要：我们呼吸的氧气有一半来自海洋浮游植物，光合作用产生的能量为海洋食物网提供支撑，维持鱼类等处于更高营养级的生物的生存。

相关话题
另见
海洋生物碳泵 第78页

3秒钟人物
萨莉·齐泽姆
Sally Chisholm
1947—
美国生物海洋学家，1986年发现了一种海洋藻类——原绿球藻，这是目前已知的地球上数量最多的光合生物。

本文作者
克莱尔·马哈菲

当用显微镜观察浮游植物时，我们会发现它们绚丽多姿，带有壳和刺。

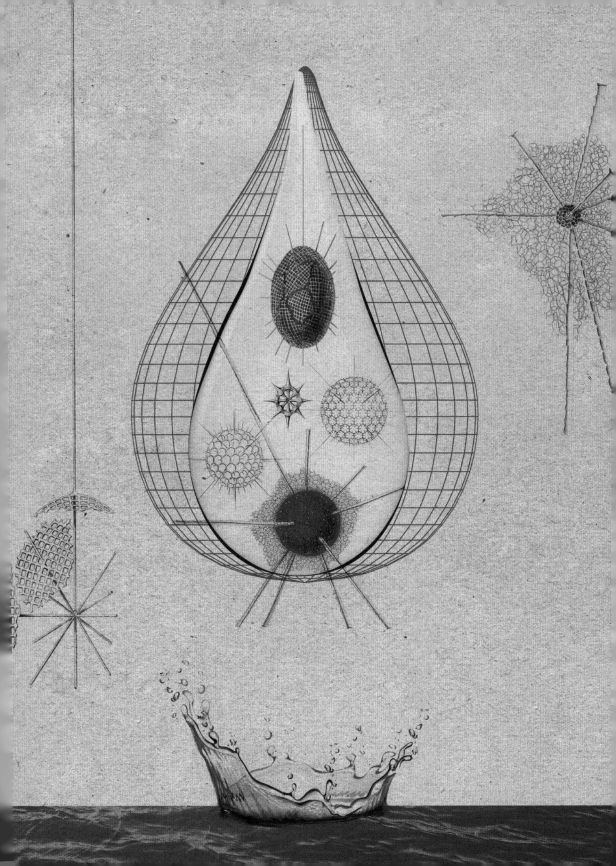

海洋生物碳泵

30秒探索神秘的海洋

3秒钟冲浪
浮游植物在光合作用过程中"固定"溶解在大气中的二氧化碳,在浮游动物死亡或它们的捕食者奄奄一息时,这些二氧化碳会被输送到深海。

3分钟探索
浮游动物是将碳输送至深海的重要载体,这种输送会发生于它们死亡或向下移动(距离通常为数十米)的过程中,也会依托它们的排泄物进行(它们的饮食十分混乱)。最终到达海底的碳量取决于途中微生物的分解作用和呼吸作用,以及是否存在上升流。

在海洋表面,被称为浮游植物的主要生产者利用阳光进行光合作用,就像陆地上的植物一样。在光合作用过程中,二氧化碳与水在浮游植物体内发生反应,生成碳水化合物和氧气;与此相反的反应释放能量,称为呼吸作用。浮游植物的生长还需要营养物质和海水中的微量金属。浮游植物通常为藻类,许多浮游植物拥有壳体或基本骨骼,成为帮助我们了解过去海洋气候的化石记录。浮游动物是捕食浮游植物、比浮游植物稍大的一类生物,包括许多物种,如甲壳类动物的幼体等。由浮游生物构成的生态系统是所有海洋食物网的基础,每年固定大气中300亿~500亿吨的二氧化碳,约占全球碳吸收总量的40%。当浮游动物和浮游植物死亡时,它们的残骸会被细菌和病毒等微生物分解,这些微生物会在阳光照射的透光带中回收大部分碳和营养物质。剩余的有机碳离开海面,沉入深海。一些浮游动物每天随水柱上下浮动,在海面觅食,在深海呼吸。这种向下的碳流被称为海洋生物碳泵。

相关话题
另见
二氧化碳吸收与海洋酸化
第68页
海洋微生物 第76页
蓝碳 第86页

本文作者
友恩−杰恩·莱恩

浮游植物固定大气中的二氧化碳,浮游动物将二氧化碳排放到海洋表面。

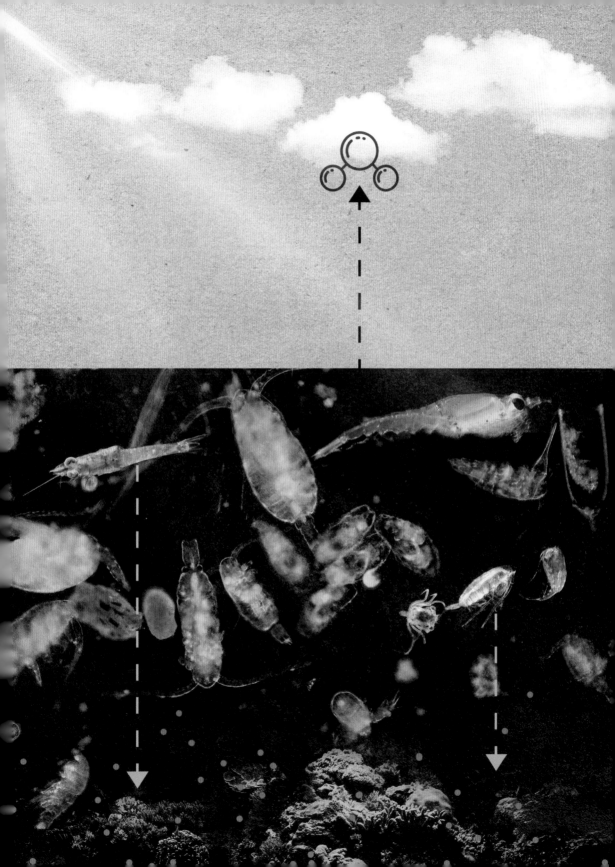

潮间带

30秒探索神秘的海洋

相关话题
另见
海平面上升 第22页
潮汐 第28页

3秒钟人物
伊丽丝·默勒
Iris Möller
活跃于1997年

沿海地貌学家，最早评估沿海湿地对海岸保护重要性的人之一。她证明了沼泽地在其向海的边缘吸收了大部分传入的波浪能，而且即使在风暴潮条件下也会吸收波浪能。

3秒钟冲浪
潮间带小之又小，但对于地球而言，其价值不容小觑。当然，价值大是因为可供人类利用。潮间带也受到了海平面上升的威胁。

3分钟探索
最新证据显示，只要海水中有营养丰富的沉积物，红树林和盐沼就能适应海平面上升。沉积物有助于它们垂直生长，并与海平面上升保持同步。矛盾的是，沿海防护设施多了，红树林和盐沼所需的悬浮沉积物就少了。这是因为防护设施减少了由松软的沉积物构成的海岸线上发生的自然侵蚀，而一些沉积物供应正是来源于此。

潮间带是指全球海岸线受潮汐影响的狭窄地带。论面积，其宽度远不如在世界各大洲地图上画出的一道铅笔线。为什么我们要关注地球上这么一小块地方呢？潮间带是一些独特物种的家园：生活在海水中的植物，包括红树科植物、海草；喜欢在半空中蹦跳的海洋动物，如泥鱼。潮间带同样对人类生活至关重要。它可以过滤海陆之间的污染物和营养物质，防风防浪，也是人们休闲娱乐的好去处：冲浪者、瘫在沙滩椅上的度假者都云集于此。潮间带也是芸芸众生的菜篮子。世界各地每天都有人抛撒渔网，泛舟下海。但有价值就要付出代价。沿海地区的房价堪称世界之最，人口最稠密、增长速度也最快。基建和人类活动威胁着潮间带。海平面上升也威胁着潮间带，除非生态系统（如红树林）的垂直生长速度与海平面上升速度持平。

本文作者
马丁·斯科夫
Martin Skov

休闲人群、泥鱼和耐海水植物，全都是潮间带生命的一部分。

珊瑚礁

30秒探索神秘的海洋

3秒钟冲浪
气候变化破坏了珊瑚结构的完整性，极大地影响了与珊瑚有关的物种，并威胁到珊瑚礁生态系统的未来。

3分钟探索
珊瑚礁关乎成百上千万人的生计。高产渔业、旅游业与珊瑚礁息息相关，珊瑚礁还为海岸群落提供了天然屏障，可以抵御风暴。它们也是沿海社区社会结构的一部分，与沿海居民的传统、价值观和身份紧密相连。例如，享用新鲜的珊瑚鱼往往是社区活动（如宴会和仪式）的基本内容。

在热带珊瑚礁上方潜水时，你首先注意到的是"奏鸣曲"和斑斓的色彩。从在礁顶游弋的鲨鱼，到发出噼里啪啦、唧唧声、咕噜声等各种声响的虾群和彩虹色的鱼群，珊瑚礁一派生机，真不愧是地球上最多样化的生态系统之一。而如此了不起的珊瑚礁生态系统的面积仅占地球表面的1%，并且构成这些巨大生命结构的珊瑚虫体型微小。珊瑚虫是群居动物，它们获取能量的方式有两种：一是直接以游到嘴边的浮游动物为食；二是由生活在其体内的能进行光合作用的微型植物细胞（虫黄藻）提供能量。尽管珊瑚可以存活数千年，但在今天受人类影响的环境中，珊瑚在每个珊瑚虫底部沉积碳酸盐骨骼并形成这些巨大结构的独特能力也是其致命的弱点。气候变暖和海水酸度增加导致珊瑚排出虫黄藻，削弱骨骼，这反过来又导致珊瑚提供的栖息地和支持的各种群落退化。因此，珊瑚礁生态系统未来面临的最大威胁是人类活动导致的温室气体增加。

相关话题
另见
二氧化碳吸收与海洋酸化
　第68页
潮间带　第80页

3秒钟人物
查尔斯·达尔文
Charles Darwin
1809—1882
提出了关于珊瑚礁生长和礁形成的理论，但直到20世纪50年代，他的观点才被证明是正确的。

本文作者
阿德尔·希南
Adel Heenan

如果没有珊瑚礁提供生命港湾，海洋可能一片荒芜。

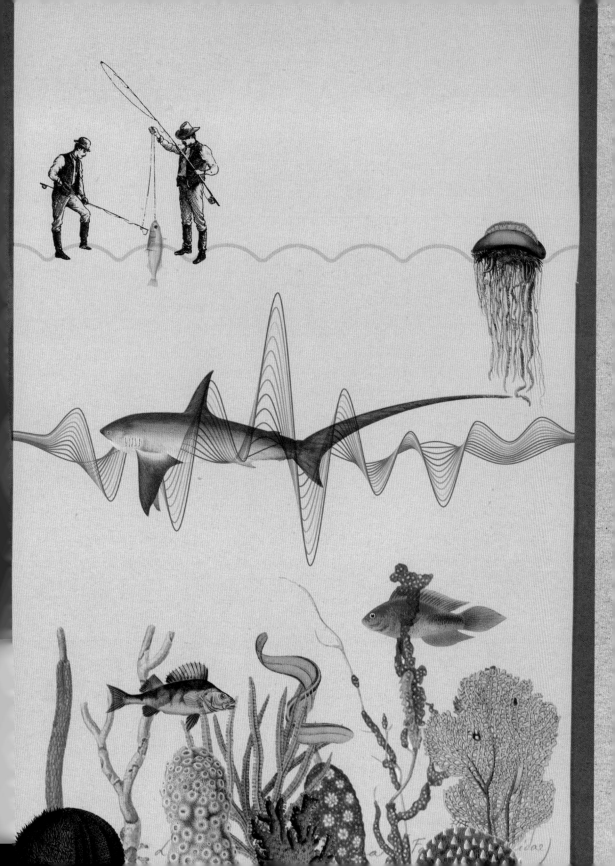

海鸟

30秒探索神秘的海洋

海鸟是海洋的主人,几乎在海洋环境的每个部分都有它们的身影。沿着海岸线行走的人对海雀和鸬鹚并不陌生,而那些在大海上航行的人则经常有信天翁、海鸥和海燕相伴。海鸟之所以可以在这些不同的环境中栖息是因为它们要么具有飞行的能力,要么具有潜水的能力。开阔的海洋食物奇缺,鸟类必须飞很远才能觅到食物。为了觅食,海鸟必须有宽大的翅膀才能迎风展翅,轻松飞越整个海洋。然而,宽的翅膀会增加水的阻力和浮力,所以这些物种只能在海面附近觅食。海岸线上的食物更为丰富。这里的海鸟翅膀小,受到的阻力和浮力也小,它们凭借翅膀和脚就可以推动自己走向海床。当然,翅膀小自然难以展翅飞翔。尽管它们也疯狂地拍打翅膀,想展翅高飞,但无奈只能短途飞行。简而言之,"鱼和熊掌不可兼得",物种选择生存环境,根据环境中食物的分布范围,它们进化了相应的能力,如飞行或潜水。

相关话题
另见
潮间带 第80页
上层海洋生态系统 第92页

3秒钟人物
罗纳德·洛克利
Ronald Lockley
1903—2000
英国博物学家、海鸟研究先驱。他曾做过一个著名的实验:为了测试海鸟的导航能力,他曾横跨大西洋,将一只大西洋鹱运到了5000千米之外的波士顿。这只海鸟在12天内就回到了英国家中。

本文作者
詹姆斯·瓦吉特
James Waggitt

3秒钟冲浪
进化后的海鸟可以像帝企鹅一样超深(500米)潜水,寻找食物,或者像四海为家的信天翁一样远距离(4000千米)飞行。

3分钟探索
海鸟研究曾局限于繁殖地,研究人员在那里观察海鸟孵蛋、养育幼鸟。20世纪90年代初,GPS(全球定位系统)记录仪的出现彻底改变了这种研究。微型电子设备被安装在海鸟身上,以记录它们的位置和飞行速度。信息量的增加为海鸟观察提供了前所未有的洞察力,突出了物种之间的行为差异。

一些海鸟是潜水专家,一些是飞行专家,但没有一种海鸟两者皆是!

蓝碳

3秒钟冲浪
部分二氧化碳被植物吸收，部分被埋在土壤里，形成了地球碳汇。

3分钟探索
据估计，在全球范围内，每年蓝碳生态系统的损失约为1%，导致二氧化碳被重新释放回大气之中，其速度相当于陆地土地利用释放速度的10%。因此，我们务必要强化管理，采取行动，制定相关政策，进一步促进蓝碳生态系统的保护和恢复。

森林砍伐等人类活动导致了二氧化碳等温室气体的排放，气候变化正在发生。促进森林的保护和恢复有助于应对气候变化。陆地森林可以存储"绿碳"，沿海"蓝碳"生态系统，如红树林、潮汐沼泽和海草草甸等，对于减缓气候变化也功不可没。蓝碳生态系统是由可快速和持续捕获二氧化碳的植物组成的。最初，碳被存储在植物组织中，包括地面上可见的组织（叶子、嫩枝、树干等）和隐藏在地下的组织（根和茎）。最终，以这种方式捕获的一部分碳被埋在地下土壤之中。土壤的低氧条件可以保存碳，使其不被分解，并且可以在土壤中埋藏数千年之久。据估计，蓝碳生态系统尽管只覆盖不到2%的海洋表面，但它以这种方式清除和掩埋了全球海洋中近50%的碳，其速度比陆地森林快20多倍。当蓝碳生态系统消失时，不仅碳贮藏地会不复存在，以前存储其内的碳也会被释放回大气之中。

相关话题
另见
潮间带 第80页
水下海带森林 第88页

3秒钟人物
彼得·波森-詹森
Peter Boysen-Jensen
1883—1959
丹麦植物学家，率先发现丹麦土壤中的大部分碳是由大叶藻贡献的。

本文作者
希拉里·肯尼迪
Hilary Kennedy

蓝碳生态系统在调节大气中的二氧化碳浓度方面发挥着重要作用。

水下海带森林

30秒探索神秘的海洋

3秒钟冲浪

快速生长的巨型海带可以形成水下森林，庇护和维护丰富的海洋生态系统。

3分钟探索

海带森林在温带营养丰富的冷水中茁壮成长。全球变暖使海洋表面变暖，减少了营养物质的供应，导致海带森林生物量下降。同时，由于过度捕捞，加州海岸线上以海带为食的美味黑鲍鱼，行动迟缓、易于捕捞的巨型美洲黑石斑数量急剧下降。精心管理海带森林这一敏感的栖息地显然是重中之重。

森林不仅存在于陆地之上。在水下，在温暖的海水中，巨大的海带可以长到100米高，从海床一直延伸到海洋表面。令人惊讶的是，海带没有根，而是通过固定结构将自己固定在海床上。海带是一种藻类，从周围的海水中吸收营养，并通过光合作用为自己提供能量。海带的种类很多，其中生长最快的是巨型海带，每天可以长0.3米。海带森林可减缓洋流流速，为各种各样的海洋生物提供庇护：从海蛞蝓（裸鳃类）、蜗牛到伪装成海带叶子的海带鱼，以及海洋中的大型鱼类捕食者，如温和的巨型美洲黑石斑，灵活、敏捷的鲨鱼。水下海带森林的底部遍布着螃蟹、章鱼、虾、鲍鱼、海星和海胆等。体积较大的海胆可以为幼鱼提供庇护，但海胆又会被海獭吃掉。海獭是关键种，它们在海面上睡觉时会用海带的叶子把自己包裹起来。

相关话题

另见

海洋生物碳泵 第78页

潮间带 第80页

蓝碳 第86页

3秒钟人物

西尔维娅·厄尔

Sylvia Earle

1935——

美国海洋生物学家、海洋学家，海带森林研究的先驱，早期深海潜水先驱，1979年穿着自己设计的潜水服到达夏威夷瓦胡岛海岸381米深的海底。

本文作者

友恩-杰恩·莱恩

巨大的海带在充满生机的水下森林中如痴如醉地生长。

1952 年 9 月 20 日
出生于德国汉诺威

1977 年
移居威尔士，在梅奈布里奇海洋科学实验室继续学习

1984 年
获北威尔士大学学院（现班戈大学）海洋生物学博士学位，入职基尔大学海洋科学研究所，开始深海"绒毛"（细菌）研究

1989 年
发表文章，指出深海细菌的降解速度与海面细菌一样快

1990 年
入职阿尔弗雷德·魏格纳研究所

1995 年
晋升为生物海洋学教授，并调到德国瓦尔讷明德莱布尼茨波罗的海研究所工作

2000 年
入职德国基尔大学莱布尼茨海洋科学研究所

2007 年
成为阿尔弗雷德·魏格纳研究所第一位女所长

2017 年
因杰出的职业贡献和社会贡献获颁德国联邦十字勋章

卡琳·洛赫特

KARIN LOCHTE

卡琳·洛赫特于1952年出生于德国汉诺威。同许多海洋生物学家一样，家庭假期激发了她对海洋的热爱：北海岛屿之旅激起了她对水母和海星的迷恋。

在汉诺威大学攻读化学与生物学学士学位期间，她的研究热情日益高涨，因此她又于1977年进入威尔士梅奈布里奇海洋科学实验室攻读硕士学位。在这里她遇到了卡罗尔·特利，特利说服她沿着利物浦湾和爱尔兰海的海洋锋研究海洋细菌。1984年，她因为此项研究获得了北威尔士大学学院海洋生物学博士学位，之后她回到德国，进入基尔大学海洋科学研究所工作。她发现深海海底"绒毛"被海洋细菌降解的速度与海面上的一样快，这一下子颠覆了当时的海洋微生物科学观点。

她在基尔大学海洋科学研究所、阿尔弗雷德·魏格纳研究所以及莱布尼茨波罗的海研究所从事的研究，大大提升了我们对海冰以及深海细菌在北大西洋、阿拉伯海、红海和南大洋的作用的理解。她所带领的研究团队取得了众多研究成果，其中一项重大科研发现是：撒哈拉沙尘中的铁激发了热带大西洋大量固氮，铁也是其中最重要的因子。

洛赫特堪称女性科学家典范。她于1995年晋升为教授，先后在罗斯托克大学、基尔大学和不来梅大学教授生物海洋学。她说："学生们的提问往往直指最根本的问题或开辟了新思路，常常使高高在上的教授们重新回到地球上来。"2007年，她成为阿尔弗雷德·魏格纳研究所第一位女所长。她在多个咨询委员会和领导小组任职，其中包括德国科学理事会、南极研究科学委员会等，并且是北极圈咨询委员会成员以及下萨克森州科学委员会主席。这些社会兼职引领了科研新风尚，并对许多年轻的女性科学家的职业生涯起到了助推作用。鉴于洛赫特对海洋科学的特殊贡献，她被授予了德国联邦十字勋章。

戴维·N. 托马斯
David N. Thomas

上层海洋生态系统

30秒探索神秘的海洋

相关话题

另见
海洋微生物 第76页
海洋生物碳泵 第78页

本文作者
亚历克斯·波尔顿
Alex Poulton

3秒钟冲浪
海洋初级生产者"生也匆匆，死也匆匆"，简简单单，为高产的海洋生态系统提供了支撑，但深海水体与表层水体的混合才是海洋生态系统得以维持的关键。

3分钟探索
海洋变暖使营养物质更难上升到海洋表面。气候变化也影响着海洋上层的生物，降低了生产力并改变了生态系统。潮汐和海洋内部的湍流是将营养物质混入海洋上层的重要机制，不过垂直迁移等生态过程、食肉藻类甚至鲸鱼粪便也可能是维持海洋生态系统高产的关键。

世界上有一半的光合作用发生在阳光普照的上层海洋，而只有1%的光合作用生物量分布在那里。这为海洋生命设定了加速度：主要初级生产者在短短的一两周之内就会完成从生到死的整个生命周期。海洋生态系统的这种动态基础使其能够支持5倍于光合作用生物量的动物生物量，支持涵盖了浮游动物、远洋鱼类和鲸鱼的多样化食物链。海洋生物之间的能量传递比陆地生态系统更有效，为我们提供了以动物而非初级生产者为主的海洋。阳光只能穿透海洋上层100米至200米，所以海洋只有最上层的5%有足够的光线供生物进行光合作用。海洋上层也是海气接触点，这些生态系统受风海流、风暴、海冰和季节变化的操控。海洋生物死亡后下沉，并在深海（黑暗的"其他95%"）中被分解成最基本的成分。这些成分对生物的生长至关重要，因此，富含营养物质的深海水体与受阳光照射的表层水体的混合过程，是维系海洋生态系统的规模、效率和持续生产力的关键。

一条细细的绿线存在于海洋表层，任凭风暴和洋流"摆布"。

深海生态系统

30秒探索神秘的海洋

3秒钟冲浪
海洋最深层的特点是黑暗、极寒、高压、食物有限和拥有可适应这些独特条件的卓越群落。

3分钟探索
深海生态系统是一系列独特的有超强适应性的海洋生物的家园，包括水母、章鱼和琵琶鱼等。这是食物等资源都稀缺的栖息地，适应性帮助这些神奇的生物克服了各种困难。一些最引人注目的适应性包括生物发光和深海巨人症，有些生物着实庞大。

世界上最深、最黑暗的海洋层位于水下1000米处和洋底之间。这一区域被称为无光层，即"没有光线"的区域。这个区域完全处于黑暗之中，其特点是高压、低温和有限的食物供应。这一黑暗区域的上层被称为"午夜"或"深层带"。再往下是深渊水层带，是水深4000米至6000米的水层。过了深渊，就是超深渊水层带，从水下6000米延伸到深海峡谷和海沟。这一层的栖息地的特点是：环境条件极端恶劣，远离构成阳光下表层海洋食物网基础的可进行光合作用的浮游植物。因此，经常在这个黑暗领域活动的生物，以顺着水柱落入深海的固定在表层水中的有机物为生。唯一的例外是深海的栖息地，如热液喷口，那里的微生物在没有阳光的情况下，利用无机化合物将含碳化合物转化为有机物，这一过程称为化能合成。

相关话题
另见
海洋生物碳泵 第78页
热液喷口 第142页

本文作者
劳拉·格兰奇
Laura Grange

在海洋最深处存在着多种独特的、能适应极端条件（如高压）的生物。

海冰的形成

30秒探索神秘的海洋

3秒钟冲浪
在冬季，极地表层水的冷却导致了厚厚的冰冻海水层的形成和凝结，并形成海冰。

3分钟探索
海冰是许多生活在冰内和冰底的微型初级生产者的重要庇护所。这些微生物被称为海冰藻类，构成了北极和南极食物网的基础。极地浮游动物是以海冰藻类和其他简单海洋生物为食的微小生物，它们也与海冰密切相关，因为海冰是它们的食物之源。

冬季，在寒冷、高纬度的北极和南极地区，由于海洋表面过冷，形成了被称为海冰的冰冻海水。海冰的形成始于许多微小冰晶的积累，这些冰晶漂浮在海洋表面，慢慢凝结成冰。由于海水中的盐不会结冰，所以海冰几乎完全是由淡水组成的。在平静的海面上，冰晶结合在一起，覆盖在海洋表面，形成一层光滑的浮冰，称为"油脂状冰"。在风、浪和水流的作用下，膨胀的、薄薄的油脂状冰或尼罗冰在海洋中移动，在"漂流"过程中相互滑过。随着时间的推移，漂流导致尼罗冰拥挤在一起，凝结成厚冰，而且越积越厚。而在波涛汹涌的海面上形成的针状冰晶则聚集成圆形的"莲叶冰"。莲叶冰在海洋中颠簸，相互碰撞。如果碰撞的力量足够大，冰就会漂浮起来，扭曲、断裂，形成山脊。随着时间的推移，就像漂流过程一样，山脊也会凝结成厚厚的冰层。在这两种情况下形成的海冰都被称为"片冰"。

相关话题
另见
颠倒的海洋：北极 第44页
南大洋 第48页
漂浮着的海冰：冰山
  第52页

本文作者
劳拉·格兰奇

海冰有多种形式，比如"莲叶冰"，它们对包括磷虾在内的极地海洋生物的生存非常重要。

死区

30秒探索神秘的海洋

3秒钟冲浪
氧气在海洋的不同位置产生和消耗。如果这两个位置之间的运输效率低下，就会出现死区。

3分钟探索
在地球的历史上，世界上大部分海洋都是缺氧的：9500万年前，浅海大陆架有很大一部分是死区，导致许多海洋生物灭绝。当时产生的有机物是今天碳水化合物储集层的基础。

在海洋中，释放氧气的光合作用过程发生在水柱的上部——阳光照射的部分。同时，氧气被生物体的呼吸作用所消耗，死亡的生物体沿水柱下沉，沉降至海底后被分解。海底大部分区域缺少阳光，因此这些生物体就成了仅有的氧气消耗者。氧气生产与消耗之间的这种错位，意味着必须将氧气从海面输送到海底才能保证海底有氧气可以消耗。如果海底供氧太少，氧气就会耗尽，海底就会缺氧或沦为"死区"，无法承载生命。虽然寒冷、高密度、富含氧气的北极和南极水域通风性很好，但有一些水域，如黑海、波罗的海等，由于水交换有限，存在永久性死区。缺氧会带来严重的后果：生活在海底附近的动物会死亡，捕食者随后会陷入食物匮乏的境地，最终整个生态系统会崩溃。死去的生物体被分解也会释放出大量的营养物质，并导致有害藻类大量繁殖，这些藻类最终会死亡并沉入海底，这就形成了负循环，即众多有机物下沉到死区并被分解。

相关话题
另见
大西洋 第42页
南大洋 第48页
海洋生物碳泵 第78页

本文作者
彼得·霍尔特曼
Peter Holtermann

海面上的初级生产力太多，会给海底生命带来可怕的后果。

海洋探索、观察和预测

术语

阿尔戈计划 全球海洋观测计划，旨在收集和发布海水的盐度和温度信息。这些信息由3000个水下机器人收集。

碳-14 碳元素的一种放射性同位素，可用于通过放射性碳测年来确定有机物的年代。

地壳 地球的最外层，由各种岩石组成。

电磁辐射 一种天然能量，包括多种形式，如太阳光、无线电波和微波等。

墨西哥湾流 一支快速、强劲的洋流，可将墨西哥湾的暖水带入大西洋。

海洋环流 在全球季风模式和地球自转影响下形成的洋流系统。

海洋动力学 利用仪器取样以研究海水运动的科学。

海洋沉积物 积聚在海底的有机物和无机物。海洋沉积物由风、冰或河流从陆地运输到海洋的岩石或土壤颗粒，海洋生物的残骸，海底火山爆发喷出的物质，以及水中化学反应产生的副产品组成。

氧同位素数据 关于水中氧同位素^{16}O和^{18}O及其比例的信息。分析这一数据可获得有关长期气候变化的重要信息。

浮游生物 生活在水体中的各种微型生物，包括各种藻类、细菌、原生动物和甲壳类动物等。它们太小，无法逆流游动。浮游生物是大型生物体的重要食物来源。

　　海底山 火山活动形成的水下山体。海底山的高度至少有1000米，但一般不会高出水面。

海洋取样

30秒探索神秘的海洋

相关话题
另见
弗里乔夫·南森 第46页

3秒钟人物
大卫·爱登堡
David Attenborough
1926—

英国自然历史学家、主播，曾主持和解说过许多闻名全球的自然纪录片，包括BBC自然世界主打制作的《蓝色星球》第一部和第二部。

萨莉·赖德
Sally Ride
1951—2012

美国宇航员、物理学家。1983年，年仅32岁的她成了世界上最年轻的宇航员，也是第三位进入太空的女性。美国海军的一艘海洋科考船就是以她的名字命名的。

3秒钟冲浪
科考船让海洋学家得以进入偏远的海洋地区，并将设备和传感器部署到海洋中，研究海洋的物理、化学和生物性质。

3分钟探索
英国皇家科考船——"大卫·爱登堡爵士"号是有史以来最先进的海洋科考船，全长125米，可容纳30名船员和60名科学家，一次可航行60天。该船船体经过加固，在极地海洋中也能破冰而行，并可搭载一架直升机，使科学家能够进入冰上或陆地上的偏远地区。

为了探索海洋并进行取样，科学家需要用到海洋科考船。科考船一次可航行6周至8周，这样海洋学家就能进入偏远的海上区域。特制的钻头被放到海底，采集沉积物和地壳的岩芯样本，以深入观测气候和地质情况。科考船上经常装有CTD（温盐深仪）。CTD是conductivity（电导率）、temperature（温度），以及depth（深度）的首字母缩略词。CTD是由一套电子传感器组成的。通过船上的吊车将CTD放入海洋中，可测量整个海洋的物理、化学和生物性质。附在CTD上的瓶子可以在不同的海洋深度收集海水样本，并用于船上或陆地上的实验室分析。渔网用于筛选海洋中的浮游生物，以便海洋学家研究该地区的浮游生物类型。为了研究海洋是如何随时间变化的，海洋学家会部署一组连接在粗金属线上的传感器阵列，并用一个重物将该阵列固定在海底。该阵列可以在海洋中停留数月或数年。

本文作者
克莱尔·马哈菲

各种技术被用来研究广阔的海洋并进行取样。

1830 年 3 月 5 日
出生于苏格兰

1845 年
开始在爱丁堡大学攻读医学专业学位

1860 年
在贝尔法斯特女王大学担任自然历史系主任

1868 年至 1869 年
乘坐英国皇家海军舰艇"闪电"号和"豪猪"号进行深海疏浚考察

1869 年
当选为英国皇家学会会员

1872 年
担任英国皇家海军舰艇"挑战者"号探险队首席科学家

1873 年
在海上总结早期探险成果，出版《海洋的深度》一书

1876 年
"挑战者"号于 5 月 24 日返回汉普郡斯皮特黑德；汤姆森荣获骑士称号

1877 年
根据初步研究成果出版了《挑战者号航海考察科学成果报告》

1882 年 3 月 10 日
在苏格兰逝世

1886 年
在其去世之后，他的朋友、同事约翰·默里（John Murray）完成了《挑战者号航海考察科学成果报告》（全 50 卷）的出版工作

查尔斯·威维尔·汤姆森

CHARLES WYVILLE THOMSON

1830年3月5日，在苏格兰，安德鲁和萨拉·安喜得一子，教名为威维尔·托马斯·查尔斯·汤姆森。这个名字一直沿用到1876年，后来汤姆森把自己的名字改成了查尔斯·威维尔·汤姆森。事实证明他真的是一块读书的料，首先他获得了爱丁堡大学医学专业学位，后来又将注意力转向了自然科学。19世纪50年代，他与简·拉梅奇·道森（Jane Ramage Dawson）结婚。他先是在阿伯丁大学担任讲师，开始了他杰出的学术生涯，而后晋升为植物学教授。随后，他在爱尔兰多所大学担任教授，1855年当选为爱丁堡皇家学会会员，1870年成为爱丁堡大学自然历史系主任。

汤姆森对深海科学做出了卓越贡献，尤其是在深海生物研究领域。挪威海岸出土了海洋生物沉积物。受此启发，汤姆森说服了英国皇家海军允许他分别于1868年和1869年征用"闪电"号和"豪猪"号，以在苏格兰附近进行深海疏浚考察。他发现所有海洋无脊椎动物群都存在于1200米的深度，同时他还总结出：海洋温差之大出乎意外，这说明存在海洋环流。这一结论无疑是正确的。1869年，汤姆森正式当选英国皇家学会会员，并在1873年出版的《海洋的深度》一书中发表了他的杰出成果。

他的研究促使英国皇家学会购买了皇家海军舰艇"挑战者"号，并开启了有史以来第一次全球海洋勘察活动。"挑战者"号经过改装之后，科学实验室取代了炮室。该舰艇于1872年12月21日从朴次茅斯启航，汤姆森担任首席科学家。在接下来的4年里，"挑战者"号探险队航行了68890海里，测量了海水温度、化学成分、有机物含量、海洋深度，并沿途收集海底沉积物和海洋生物。它穿过大西洋，进入印度洋，然后绕过太平洋，最后返回家园。就那个时代而言，考察队收集的样本可谓蔚为大观：共发现了4700种海洋生物新品种。探险队还在世界海洋最深处——今马里亚纳海沟11000米深的"挑战者深渊"——附近探测到了8000米的深度，这是当时前所未有的成就。汤姆森的重大发现为其赢得了骑士称号，威维尔·汤姆森海岭以他的名字命名，海洋学也因此初见曙光。他于1882年在苏格兰家中去世。

友恩-杰恩·莱恩

机器人的崛起

30秒探索神秘的海洋

探索海洋是一项艰巨的任务。在某些方面，它甚至比探索太空更具挑战性。大海有惊涛骇浪，船只航程有限，海底压力更是令人崩溃。因此，海洋机器人应运而生。它们不会晕船；无论是赤道还是两极，对它们来说都不在话下；它们也是响当当的"硬汉"，可以直抵海沟最深处。海洋机器人形状各异。大多数时候，你甚至不知道它们是机器人，因为它们大多和科幻小说中真人一般的机器人毫无相似之处。有些甚至只是由电子和泡沫组成的长方形金属框架，带有螺旋桨，用长长的电缆拴在大船上，由船上的技术人员直接控制。还有一些海洋机器人看起来像装满电池和微型计算机的玻璃沙滩球，可以在海上自主探索多年，根本无须岸上的人类指导或者只要些许指导即可。这些机器人配备了各种探索海洋的设备：检测海水特性的传感器套件，可互换的手臂（可收集鱼类、岩石或其他任何感兴趣的东西），甚至可以将海底的实时画面传输到我们的手机上。

本文作者
金·马蒂尼
Kim Martini

海洋机器人形状各异，大小不同，但它们有一个共同点，那就是在人类无法企及的地方，它们往往能派上用场。

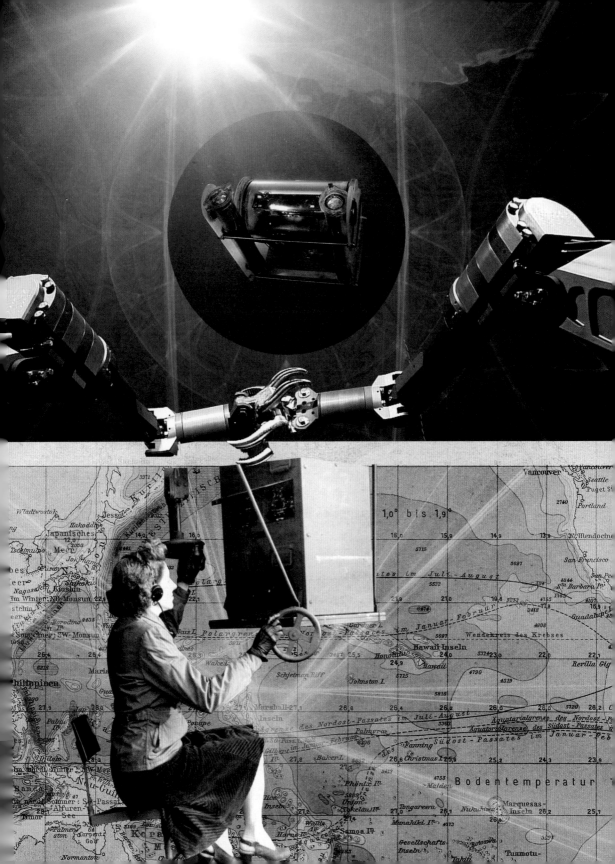

外太空视角下的海洋

30秒探索神秘的海洋

本文作者

法布里斯·阿尔丹
Fabrice Ardhuin

3秒钟冲浪

近地轨道卫星上的大量仪器都可用于观测海洋的种种特性,包括海洋的颜色、温度和表面几何形状等。

3分钟探索

不同的雷达技术被用来观测波浪特性、风速和风向、表面速度和海平面高度。海平面图可用于估算表面洋流的缓慢变化部分:由于海平面偏离恒定的重力面,通常1米高的隆起与高压有关。由于地球自转,洋流就像反气旋周围的风一样围绕着这些高压区域流动。

从太空中观察浩瀚的海洋是观测海洋的种种特性的最简单的方法,尽管这只是停留在表面。观测技术有赖于海洋表面发射、太阳反射的电磁辐射的特性,以及地球观测卫星或全球定位系统卫星的主动雷达源。大多数卫星是近地轨道卫星,在距离海面约1000千米的地方飞行,其视野可以延展至2000千米,一两天之内即可实现全海洋覆盖。红外线和光学传感器可以对海面温度(陆地天气的重要驱动因素)和"海洋颜色"进行扫描:海洋环流中心是由纯水组成的,呈深蓝色;沿海水域富含浮游生物和沉积物,呈绿色或黄色;海冰呈白色。海洋的许多其他属性,包括海冰的范围和厚度、海水盐度、海平面高度、浪高、风速和风向等,都可以从海面的几何形状及其亮度、温度中得出。这些都是由微波雷达和辐射计昼夜无休、晴雨无阻绘制而成的。

我们不可能在所有地方观察一切,所以我们派了许多"哨兵"在地球轨道上巡逻,为我们提供独有的数据。

预测：过去、现在和未来的海洋

30秒探索神秘的海洋

3秒钟冲浪

通过观察、数学理论和计算机模型，我们可以描述海洋过去、现在以及未来的变化。

3分钟探索

代用指标是指可以用来推断海洋的其他属性，而非实际观测出的那些属性的指标。例如，保存在生物外壳中的氧同位素数据可以告诉我们这些生物生存时期的海洋温度。借助放射性元素，如碳-14，我们可以确定物质的日期，并建立起生物生存时期的海洋属性图。

我们如何知道海洋是如何运转的？未来会如何变化？在我们到达海洋之前，海洋是如何变化的？关于海洋是如何运动的数学理论使我们对海洋的动态有了基本的了解。然而，这些理论往往过于简单，无法涵盖海洋的全部反应，而且它们仍然需要数据来验证和强化。因此，观测海洋属性对我们了解海洋至关重要。它们可以告诉我们某个地点在某个时间的属性是什么，例如，2010年12月26日墨西哥湾流核心流经大西洋大浅滩时的速度。但信息过于精确和详细也是局限所在：第二天墨西哥湾流的流速有多快？下游100千米处呢？1000年前呢？这时，计算机模型就派上用场了，因为它们可以填补时空上的观测空白。但是，模型也有局限性，因为它们无法模拟小规模过程，而且它们仍然需要数据输入来驱动模拟。

本文作者

马蒂亚斯·格林

理论、观察和计算机模型合而为一，我们才能弄清海洋是如何运转的。

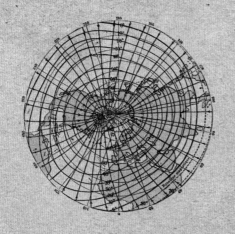

Niveau   de   la   Mer

Valente

Profil   du   fond   de   l'Atlantique

2286   2560   2908   2860   3091   3017   3012   2968   3658   3347   3566   3315   3019   2908   2420   3200   3181   2775   1749   1285   749   1311   208

海洋污染 ◑

术语

藻华 水体中的藻类数量迅速增加，往往会使水体被藻类的色素染成褐色。

生物多样性 生态系统中有多种多样的生物。

富营养化 水体中的矿物质和营养物质过度富集，导致藻类过度生长。

食物网 生态系统中相互关联的食物链。食物网由三个层次组成：（通常经过光合作用）为自己制造食物的生产者；以植物和其他动物为食的消费者；还有靠动植物遗体为生的分解者。

友好漂浮物 海洋学家柯蒂斯·埃贝斯迈尔创造的术语，指1992年风暴中被抛进太平洋的塑料浴盆玩具。跟踪这些玩具的运动有助于研究洋流。

微塑料 污染环境中的任何类型的塑料碎片，长度小于5毫米。

纳米塑料 由塑料降解产生的微小颗粒，大小从1到1000纳米不等。

浮游生物 生活在水体中的各种微型生物，包括各种藻类、细菌、原生动物和甲壳类动物。它们太小，无法逆流游动。浮游生物是大型生物体的重要食物来源。

石房蛤毒素 由某些贝类自然产生的一种毒性强烈的毒素。

水柱 从海洋、湖泊或河流的表面到底部的垂直水域。海洋学家用水柱这一概念来描述不同深度的水的物理和化学性质。

浮游动物 漂浮在水面附近并随水流漂移的微小、只有微弱游动能力的生物，可分为两类：永久性浮游动物（如原生动物、有孔虫和磷虾）和暂时性浮游动物（包括海胆、鱼类和甲壳类动物的幼体）。

从农场、工厂到海洋

30秒探索神秘的海洋

3秒钟冲浪
源自工农业的有毒化学品流入海洋并造成污染，有可能导致海洋生物中毒或窒息。

3分钟探索
当来自农业径流的过量矿物质和营养物质导致红褐色的藻类大量繁殖时，就会出现人为"赤潮"。在藻类产生石房蛤毒素时会发生最危险的赤潮，而后贝类会因食用藻类而在体内积累大量毒素，这些贝类一旦被人类食用，可能会引起麻痹性贝类中毒，甚至死亡。第一个相关记载发生在1976年，在马来西亚婆罗洲，这种毒素造成了2人死亡。

工厂如果对有害物质不加以处置或处置不当，工业垃圾（如纺织染料）就会流入环境，最终进入海洋。农场用肥料来提高产量，用杀虫剂来灭杀有害昆虫或其他动物。如果管理不善，这些有毒化学品就会被雨水径流或风带到附近的河流，最终流入海洋。生活在受污染的沿海水域的海洋生物接触到这些有毒化学品后，有可能出现健康问题或死亡。富营养化是发生在来自径流的化学品过多的河口附近的现象。肥料中富含矿物质和营养物质，有助于植物生长。海洋植物（包括藻类）接触肥料后会过度生长并消耗水中的氧气，导致其他生物氧气不足。此类过程往往会导致污染水域生物多样性减少。尽管各国已经制定了一些法规来防止此类海洋污染，但有些国家尚未执行此类政策。

相关话题
另见
死区 第98页
海洋塑料之旅 第120页
捡起我们的塑料垃圾
  第122页
橡皮鸭与航运垃圾 第124页

本文作者
德尔菲娜·洛贝尔
Delphine Lobelle

有毒化学品，如来自工厂的染料和农田的杀虫剂，最终会污染海洋。

海洋塑料之旅

30秒探索神秘的海洋

3秒钟冲浪
大量塑料垃圾进入海洋表层，然后进入更深的水域和与人类相连的复杂的海洋食物网。

3分钟探索
深海是地球上最大的栖息地，越来越多的科学证据表明，这里的水域和海洋生物是塑料垃圾"汇"。在海洋最深处的海底沉积物中，以及生活在上层水柱中的动物体内，都发现了微塑料。

耐用且柔韧的塑料在生活中几乎随处可见。大量的塑料从大江大河、管理不善的垃圾处理站和海上贸易中涌入海洋。世界各地的科学家将估算的全球塑料产量与从海洋表面测得的塑料量进行了比较，发现大部分的塑料垃圾都没有被计算在产量内，这就是所谓的"失踪的塑料"。在鲸鱼和海豚等海洋哺乳动物的胃里已经发现了"失踪的塑料"。塑料也成了深海鱼类、鱿鱼甚至水母的腹中物。微小的塑料碎片，如微塑料和纳米塑料，会被海洋中一些最小和最重要的动物——浮游动物和细菌所摄取。海洋食物网由相互捕食的动物组成。通过这些进食互动，一些"失踪的塑料"在动物之间转移，甚至可能通过人类食用的海鲜最终出现在我们的餐桌上。塑料垃圾在分解成越来越小的碎片后，会进入更深的水域，海洋生物就在这些碎片上生长。塑料在海洋中旅行，其造成的生态后果科学家仍在了解。因此，下次你在购物时，要想想你的许多塑料产品可能会进入海洋、穿越海洋，甚至有朝一日会回到你的身边。

本文作者
阿尼拉·乔伊
Anela Choy

各种各样的塑料垃圾进入了海洋，分解之后又从海洋表层进入了海洋更深处。

捡起我们的塑料垃圾

30秒探索神秘的海洋

3秒钟冲浪
我们总想清理海洋里的垃圾，但关掉源头不是更有效吗？

3分钟探索
塑料不是海洋里唯一的东西，海洋也是生物的家园，从微小的浮游生物到重达180吨的蓝鲸，应有尽有。在真正试图从海洋中回收垃圾之前，我们必须考虑的是我们的这一举动到底会不会把生活在海洋里的生物也一起清除掉。就为了一个塑料袋，你犯得着用推土机推倒一片森林吗？

当我们读到大大小小的塑料垃圾会危害海洋生物并对生态系统造成破坏时，我们首先想到的是：我们该如何清理这些垃圾？为什么我们还没有这么做呢？答案是我们很难在不造成更多伤害的情况下有效地清理垃圾。海洋很大，垃圾已经从海洋表面扩散到海底。要清除重达455千克的渔网和塑料玩具上的小碎片，需要的工具是完全不同的。但现实是，即使我们真的把塑料垃圾清理干净了，问题也不会消失，除非我们阻止塑料垃圾进入海洋。大多数专家认为，这是解决海洋塑料问题的第一步，也是最有效的一步。目前正在制定的有效解决方案包括改善全球范围内的废物管理基础设施，制定政策让塑料生产者负责回收垃圾，开发可重复使用和可回收的塑料包装替代品，甚至只是在塑料垃圾流入海洋之前就将其从河中打捞起来。

相关话题
另见
海洋塑料之旅 第120页
橡皮鸭与航运垃圾 第124页

3秒钟人物
查尔斯·J.穆尔
Charles J. Moore
1948—
美国海洋学家，号召人们关注太平洋垃圾带的第一人。

卡拉·拉文德·劳
Kara Lavender Law
活跃于2000年
美国海洋学家，研究塑料垃圾在海洋中的扩散和汇集。

詹娜·詹贝克
Jenna Jambeck
活跃于2004年
美国环境工程师，估算海洋塑料垃圾数量的第一人。

本文作者
金·马蒂尼

污染海洋的不仅仅是塑料袋，所有类型的塑料最终几乎都会进入海洋。

橡皮鸭与航运垃圾

30秒探索神秘的海洋

3秒钟冲浪

海洋污染可能源于航运垃圾泄漏和漏油等事故，这些事故既会对环境产生负面影响，也可以帮助海洋学家追踪洋流。

3分钟探索

随着塑料污染成为现代社会的首要关注点，海洋学家目前正在开发模型，以追踪塑料在海洋中的流动情况。从1950年到2015年，估计产生了57亿吨塑料垃圾，其中只有9%被回收，12%被焚烧。其余的要么被倾倒在垃圾填埋场（有可能在风暴后到达海洋），要么被直接排放到环境中。

有意也好，无意也罢，人类正在以各种各样的方式污染着海洋。海洋污染源之一就是航运垃圾。据估计，每年有3000个集装箱意外丢失，主要是在海上风暴发生期间。1992年，在一起事故中，一艘从香港开往美国华盛顿州的船上掉下了28000个塑料浴盆玩具。时隔大约20年之后，这些塑料漂浮物中仍有部分被冲上了岸，因此该事件再次引起了公众的关注。海洋中的塑料垃圾禁而不绝，这一现象表明，乱扔垃圾会对海洋生物产生持久的负面影响，因为海洋生物可能会摄入塑料垃圾，或被其缠绕致死。海洋污染的另一个例子是石油泄漏。2010年，墨西哥湾的"深水地平线"钻井平台石油泄漏事件被认为是历史上最大的石油泄漏事件。溢油可能会对鸟类和毛茸茸的哺乳动物产生严重的影响，因为被石油覆盖会影响它们控制体温和浮力的能力，而摄入石油会导致消化问题和脱水。然而，对于研究而言，这些被遗弃的"友好漂浮物"和石油泄漏事件也发挥了一定的积极作用：通过跟踪塑料和石油的行踪，我们可以获得大量数据，这有助于我们进一步了解洋流，以及更好地应对未来的事故。

3秒钟人物

柯蒂斯·埃贝斯迈尔
Curtis Ebbesmeyer
1943—

美国海洋学家，退休后研究了1992年进入太平洋的友好漂浮物（塑料玩具鸭子、海狸、海龟和青蛙等）的行踪。

本文作者

德尔菲娜·洛贝尔

航运灾难包括石油泄漏和货物在海洋中遗失等。

1910 年 6 月 11 日
出生于法国圣安德烈 – 德屈布扎克

1930 年
开始在法国海军学院受训

1937 年
与西蒙娜·梅尔基奥尔（Simone Melchior）结婚

1943 年
开发并使用水肺原型

1948 年
开始对突尼斯马赫迪耶（Mahdia）附近的古罗马沉船进行水下考古探索

1953 年
出版第一部专著《静谧的世界》，并正确预测到江豚有回声定位能力

1960 年
发起反对地中海倾倒放射性垃圾的运动

1967 年至 1982 年
主持拍摄了两部海洋环境纪录片并大获成功

1988 年
当选为法兰西学术院第 17 任院长

1997 年 6 月 25 日
在巴黎因心脏病发作去世

雅克－伊夫·库斯托

JACQUES-YVES COUSTEAU

雅克-伊夫·库斯托于1910年出生于法国圣安德烈-德屈布扎克。他曾就读于法国海军学院，也曾渴望从事航海事业，但由于一起严重的车祸，他的双臂均被撞断，这一雄心壮志只能就此作罢。他把精力重新放在了海洋上。

在第二次世界大战期间，库斯托在默热沃避难，在那里他和他的邻居马塞尔·伊沙克于1943年开始试验最早的水肺原型，他们在拍摄水下电影时用的就是这个水肺原型。在战争后期，他领导了一次针对意大利在法国的间谍活动的突击行动，并因此获得了多枚军功章。

战后，库斯托致力于改进水肺的设计，并通过结合已有的组件和开发需求调节器，最终提出了使用至今的开放式水肺技术。1946年，他受法国海军的委托，在土伦组建水下研究小

物馆馆长。1960年，当库斯托听说有人计划在地中海倾倒大量放射性垃圾时，他和他的同事们愤起反对，并发起了一场公众意识运动。法国原子能委员会辩称，在他们想要倾倒放射性垃圾的海盆深处，环流很少，但公众支持海洋学家的观点。垃圾倾倒工作推迟了。这改变了人们对海洋作为接收者的看法：在此之前，人们一直认为海洋如此浩瀚，人类根本无法影响它。这场运动使人们意识到了海洋污染的严重性，并在公众意识中占据了重要地位。

从20世纪60年代起，库斯托继续他的水下摄影工作，并将其所拍摄的海洋世界制作成电影，包括颇为流行的《雅克·库斯托的海底世界》和《库斯托奥德赛》。1973年，他创建了库斯托海洋生物保护协会，继续从事探测、信

夜间人工照明

30秒探索神秘的海洋

3秒钟冲浪
虽然人类在夜间几乎是看不到的，但许多海洋生物对光线高度敏感，可以探测到离光源数千米之外的光污染。

3分钟探索
LED（发光二极管）是一种节能器件，在应对气候变化方面得到了迅速推广。然而，LED光谱范围广也意味着相比以往，会有更多对光敏感的海洋生物暴露在人工照明之下。调暗灯光和分时段照明可减少光的影响，也有助于人类睡眠和细胞恢复。睡眠和细胞恢复是减少长期健康风险的关键，但会被夜间照明扰乱。

许多海洋生物已经适应了在夜间探测人类几乎看不到的极低水平的自然光。这些生物利用光周期的昼夜、季节和月相变化来确定生理过程和行为。海洋光污染来自海岸、船舶、海上石油和天然气平台的照明，以及所谓的"人工天光"。天光是夜间人工照明的一种形式，大气层将光线散射回地球，形成一个发光的散射圆顶，可以延伸到几百千米外的海洋里。由于海洋动物对即使是非常微弱的光线也很敏感，夜间人工照明会对各种生物过程造成干扰：从细胞水平的反应到捕食者–猎物互动和社区结构的改变。例如，夜间人工照明会使海鸟和海龟迷失方向，并破坏与月周期同步的一年一度的珊瑚大产卵期。夜间人工照明可能会对整个海洋产生影响。浮游动物在夜间从深海迁移到海面上觅食，白天则沉回深海以避开视觉类捕食者。这些微小的生物体进行着地球上最大规模的迁徙，同时它们的粪便为海洋的营养循环做出了巨大的贡献。减缓这一过程可能会导致其他许多海洋生物产生连锁反应。

相关话题
另见
海洋生物碳泵 第78页
上层海洋生态系统 第92页
深海生态系统 第94页

3秒钟人物
乔纳森·里德
Jonathan Reed
活跃于1985年

科学家、环保主义者，观测光污染造成的濒危海鸟死亡率的第一人，曾创建公民科学监测和援助站。

本文作者
斯文雅·蒂达乌
Svenja Tidau

人类活动，包括发射人造光，以各种各样的方式污染海洋环境。

喧闹的海洋

30秒探索神秘的海洋

海洋充满了自然的声音，包括海浪声、地震声、雨声、冰裂声、鲸鱼的歌声、海豚的叫声以及鱼类的声音。同时，人类活动正日益侵入水下声景。人类产生的噪声有的来自有意使用的测量设备（如海军声呐或地质调查设备），有的则来自航运、捕鱼、娱乐和海上能源平台建设等无意中产生噪声的行为。航运运输量占全球货物运输量的80%以上，是海洋中最普遍的噪声源。在过去20年里，世界海洋交通量增加了4倍。海洋物种对声音有严重的依赖性，它们需要依靠声音交流、觅食、导航和求偶。这是因为声音在水中的传播速度约是在空气中的5倍，可以传播很远的距离。另外，光的穿透力有限，无法照射到很远的地方。但是，人类活动产生的低频噪声与海洋哺乳动物，特别是须鲸的听觉范围相重合。有人担心，人类的噪声正在改变海洋哺乳动物的行为，导致它们的慢性压力增加，并干扰了它们的声音交流。这对通常过着孤独游弋生活、需要在几十甚至几百千米范围内进行交流的鲸鱼来说是一个重大问题。

相关话题

另见

橡皮鸭与航运垃圾 第124页

3秒钟冲浪

人类制造的噪声正在污染海洋。海洋哺乳动物慢性压力增加、通信空间减少、搁浅等情况与日俱增。

3分钟探索

2001年美国发生"9·11"恐怖袭击事件后，航运业大幅萎缩，水下噪声也随之减少。通过比较"9·11"事件发生前后收集到的露脊鲸粪便中激素的水平，人们发现在比较安静的时期，露脊鲸的压力水平明显下降。这是第一个表明暴露于航运噪声可能与鲸鱼的慢性压力有关，并对船舶交通繁忙地区的所有须鲸都有影响的证据。

3秒钟人物

彼得·泰亚克
Peter Tyack
活跃于1981年

美国海洋生物学家，研究过海军声呐和用于地震勘测的气枪等设备对鲸类的影响。

布兰登·索撒尔
Brandon Southall
活跃于1999年

美国海洋生物学家，曾指导大规模多学科实地考察计划，研究各种海洋哺乳动物对世界各地人类噪声干扰的行为反应。

本文作者

莱恩·科德斯
Line Cordes

人类产生的多来源噪声侵入了鲸鱼的声景。

地球演化与地外海洋

术语

深海 海面下2000米至6000米之间的海洋深层。深海没有光和氧，所以不能维持植物的生命，但可支持各种微生物、鱼类、甲壳类和软体动物。

化能合成 与光合作用类似，化能合成是细菌和其他海洋微生物将二氧化碳、甲烷或硫转化为生长所需的能量的过程。

大陆漂移说 阿尔弗雷德·魏格纳于1912年提出的假说，该假说指出地球上的大陆已经发生了相对移动。

水体对流 由水体中的密度差异导致的效应。在海洋中，这产生了上升流和下降流。

地壳 地球的最外层，由各种岩石组成。

富营养化 水体中的矿物质和营养物质过度富集，导致藻类过度生长。

嗜极微生物 能在极端环境（如高温或高压地区）中生存的生物。

有孔虫介壳 有孔虫是简单的单细胞微生物，它能分泌出一种被称为"介壳"的微小外壳。

地幔 地壳和地核之间的硅酸盐岩层。

微化石 尺寸在0.001毫米至1毫米之间的微小化石。

浅化效应 波浪从较深的水域向较浅的水域移动时，高度和长度发生变化后产生的效果。

潮池 也被称为岩池，是在基岩海岸边形成的浅水池。

板块构造

30秒探索神秘的海洋

3秒钟冲浪
板块构造是固体地球科学理论，它研究的是我们星球的表面是如何以及为何移动和变形的。

3分钟探索
海水在润滑板块、使岩石碎裂并促进板块边界变形方面起着关键作用。活跃的构造和液态水似乎是使地球成为一个独特的宜居星球的关键因素。科学家认为，地球上的生命可能起源于板块边界。到目前为止，在其他行星上还没有发现类似地球板块构造的迹象。

板块构造是现代固体地球科学的统一理论。板块运动在调节地球表面过程，包括海洋和大气运动方面具有重要作用。该理论描述了地球表面是如何被分割成几个刚性的构造板块的，它们就像破碎的鸡蛋壳一样，在黏性较低的地幔上相对移动。它们可以沿界定板块边界的主要断层聚合、分流或水平经过彼此。基本地质过程（包括地震、火山爆发、洋盆和山脉发育）大多发生在这些板块边界。板块构造建立在阿尔弗雷德·魏格纳的大陆漂移说之上，该假说指出，大陆每年以几厘米的速度围绕地球表面移动。现在人们普遍认为，当寒冷致密的海洋板块陷入地球的地幔时，它们会驱动水体对流，这反过来又使构造板块不断移动。每隔4亿到6亿年，大陆就会聚合成巨大的陆地，称为超大陆。泛大陆是地球上距今最近的一个超大陆，超大陆的周期性聚合和分离被称为超大陆旋回。这种周期性的运动导致了海洋盆地的开放和关闭。

相关话题
另见
海平面上升 第22页
潮汐 第28页
全球海洋输送带 第58页

3秒钟人物
阿尔弗雷德·魏格纳
Alfred Wegener
1880—1930
德国极地研究者、地球物理学家、气象学家，现在人称"大陆漂移说之父"。

本文作者
若昂·杜阿尔特
Joao Duarte

地球的表面被分割成几个构造板块。

1880 年 11 月 1 日
出生于德国柏林

1905 年
获波恩大学博士学位

1906 年
参加 4 次格陵兰岛考察中的第一次考察

1912 年
于 1 月 6 日首次提出大陆漂移说

1912 年
返回格陵兰岛并在冰盖上过冬

1913 年
与埃尔泽·克彭（Else Köppen）结婚

1914 年
在第一次世界大战中服役，两次受伤

1915 年
出版《大陆和海洋的形成》第一版

1921 年
汉堡大学聘任魏格纳为高级讲师

1924 年
格拉茨大学聘任魏格纳为气象学和地球物理学教授

1926 年
大陆漂移说几乎遭到一致反对

1929 年
回到格陵兰岛，并出版《大陆和海洋的形成》第四版

1930 年
开始第四次格陵兰岛考察

1930 年 11 月
在格陵兰的冰盖上去世

阿尔弗雷德·魏格纳

ALFRED WEGENER

阿尔弗雷德·魏格纳于1880年出生于德国柏林。他先后在柏林、海德堡和因斯布鲁克学习物理学、天文学和气象学，1905年，获波恩大学天文学博士学位。博士毕业后，魏格纳进入林登贝格航空观测站工作，并与哥哥一起，开创了使用气象气球追踪气团的先河。

1906年，魏格纳参加了格陵兰岛考察，他的命运也因此而改变。回到德国后，他在1912年1月6日的一次演讲中提出了"大陆漂移说"。他提出，曾经相连的大陆板块会向四周漂移。当时，该假说几乎无人问津。魏格纳回到了格陵兰岛，成为第一批在格陵兰冰盖上过冬的人之一。

1913年，他与埃尔泽·克彭结婚，夫妇俩共育有3个女儿。第一次世界大战爆发后，魏格纳立即被征召入伍，但很快被调到陆军气象部门。1915年，《大陆和海洋的形成》第一版出版。在书中，他进一步扼要阐述了大陆漂移说，并提出了一系列的观测证据，证明美洲、欧洲和非洲曾经连在一起。然而，学界对该书兴致索然，1923年该书第三版（第四版于1929年出版）面市时招致了严厉批评。

魏格纳与米卢廷·米兰科维奇一起重建了古气候，开创了古气候学研究的先河。1930年，他回到格陵兰岛，在冰上建立了3个永久性考察站。1930年11月，在完成一次补给任务后返回的途中，魏格纳不幸离世，同行者拉斯穆斯·维鲁姆森将其埋葬后就消失得无影无踪。数月之后，魏格纳的遗体才被他的哥哥找到。

魏格纳提出了海量观测证据来支持大陆漂移说，但要解释大陆如何能在海底的洋壳中移动却困难重重。直到20世纪50年代地磁学出现，这一假说才得以确立。1953年的数据显示，印度曾一度位于南半球。20世纪60年代，地质学的进步，如海底扩张的发现，才让该假说或由此发展而来的板块构造学被学界所接受。在魏格纳去世30多年后，他才最终被认为是一场重大科学革命的奠基人。

马蒂亚斯·格林

迁移的沙洲

30秒探索神秘的海洋

相关话题

另见

海浪 第24页

海滩与裂流 第26页

本文作者

马丁·奥斯汀

3秒钟冲浪

海浪浅化和破碎之间的持续角力，决定了沙子会被冲上岸还是会被带入海中，也决定了沙洲会迁往岸上还是迁入海中。

3分钟探索

在十年一遇的强烈风暴之中，沙洲会以每天30米的速度向近海移动。这可能导致沙洲移动到离海滩很远的地方，再也回不到海滩。这是因为海水太深，在风平浪静的时候，波浪下的运动无法到达海床，也就无法将沙洲推回岸上。

在浅海区，当海浪结束它们的旅程时，会发生一场持久的拉锯战。竞争的结果决定了海滩是扩大还是缩小。当海浪进入浅水区时，它们的能量作用于海床上的沙子。起初，海浪节节攀高——这一现象被称为"浅化效应"，这导致海浪的岸上流动比离岸流动更强，基本上是把沙子推到岸上。然后，海浪开始破碎，在海床附近产生离岸方向的回流，将水和沙子又带回近海。随着时间的推移，这种到岸—离岸的沙子运输会达到平衡——沙子在浅化效应停止和海浪破碎开始的地方沉积。这就是为什么我们会在离海滩几十到几百米的地方发现沙洲。然而，这种平衡十分微妙。在风平浪静的情况下，海浪很弱，岸上的沙子运输由于浅化效应而占主导地位，轻轻地把沙洲推向海滩。相反，暴风骤雨来临的时候，海浪非常强劲，强大的回流导致沙洲向近海迁移。沙洲经常显示出季节周期，在风暴肆虐的冬季向海上移动，在平静的夏季返回岸上。

海浪浅化与破碎之间的动态平衡决定了海滩上沙洲迁移的方向。

热液喷口

30秒探索神秘的海洋

当地球的构造板块移动或开裂时，热液会从地壳内部渗入海洋，形成“热液喷口”。由于喷口深处压力大，热液会被过度加热，温度可高达450 ℃。热液中含有大量溶解的矿物质，遇冷即被析出。黑“烟囱”或白“烟囱”可能就是因此形成的，之所以称为“烟囱”，是因为它们看起来像是烟雾滚滚的水下烟囱。黑烟囱通常很热，会形成数百米宽的烟田；白烟囱比较冷，因为其中的海水来自远离喷口的地方。令人惊讶的是，尽管热液喷口位于黑暗、寒冷的深海中，但热液喷口，尤其是黑烟囱周围的海底，却充满了复杂的生物群落。没有阳光维系植物生命，这怎么可能呢？答案是细菌，它们已经进化到能够利用喷口热液中的硫进行化能合成，产生能量。细菌形成了复杂的食物链基础，其中包括巨大的管虫、蛤蜊、帽贝和虾，喷口区的生物密度比周围的海底高数千倍。

3秒钟冲浪

来自地球内部的热液可以通过海底的裂缝渗出，形成热液喷口系统，在化能合成的作用下推动奔涌的生命。

3分钟探索

外星也存在热液喷口！我们认为，热液喷口在木卫二和土卫二上是活跃的。火星在拥有海洋的年代也存在热液喷口。因此人们纷纷猜测其他天体上也存在潜在的生命。

相关话题

另见

海洋微生物 76页
海洋生物碳泵 第78页
板块构造 第136页
寻找地外生命：太阳系中的海洋 第150页

3秒钟人物

凯瑟琳·克兰
Kathleen Crane
1951—

美国海洋地质学家，在20世纪70年代中期为发现热液喷口做出了贡献。

本文作者

马蒂亚斯·格林

地球构造板块的运动使热液从热液喷口渗出，热液喷口可支持独特的生命形式。

海底滑坡与海啸

30秒探索神秘的海洋

大多数人对由地震造成的海啸都很熟悉：海底震动将水柱往上推，形成海啸波。山坡上的泥、石、沙产生的滑坡也能引发海啸。引发海啸的山体滑坡可能是从陆地上开始并滑入海中的空中滑坡，也可能是在海底斜坡上产生的海底滑坡。这两种类型的山体滑坡都能使大量的海水发生移位并产生海啸波。由山体滑坡引发的海啸很难预测，因为是否会发生山体滑坡是由许多变量决定的，是否会产生海啸波则要看山体滑坡规模是否足够大、速度是否足够快。此外，坡度仅为1°的平缓斜坡上发生的海底滑坡也可能引发海啸。最新的海底地图显示，海底有古代海底滑坡引发海啸的迹象。在挪威西海岸的北海发现的斯托雷加滑坡是8200年前发生的海底滑坡留下的巨大沉积物。计算机模型和地质证据表明，由此产生的海啸波至少有20米高，并一直传播到苏格兰。

3秒钟冲浪
海洋中的山体滑坡会将巨大的水柱往上推，产生海啸波。

3分钟探索
火山岛，如加那利群岛，特别容易发生山体滑坡，引发海啸，因为它们由脆弱的岩石组成，并且靠近大海。在潜在的"滑坡多发区"安装运动传感器，并利用卫星监测这些岛屿，可助力海啸预警，拯救生命。然而，从探测到海啸到海啸冲击陆地的时间间隔往往非常短。

相关话题
另见
海浪 第24页
板块构造 第136页

本文作者
梅格·贝克
Meg Baker

由山体滑坡引发的海啸很难预测，而且会对沿海社区造成毁灭性破坏。

潮汐与地球生命的进化

30秒探索神秘的海洋

3秒钟冲浪

从许多方面而言,生命就是海滩:潮汐的变化可能是陆生脊椎动物进化的强大动力。

3分钟探索

孤立的潮池对于海生脊椎动物的后代在陆地上的繁衍具有重要意义,这一概念源自20世纪30年代的古生物学家艾尔弗雷德·S.罗默。罗默认为,泥盆纪是一个干旱时期,潮池会迅速蒸发。当进一步的研究发现泥盆纪并不干旱时,他的思想就不受人待见了——在我们看来,这是不成熟的。随着现代泥盆纪潮汐建模能力的提升,罗默的先见之明得到了证实。

地球上有许多巧合,正因为如此,生命才能茁壮成长。其中一个巧合就是天空中的太阳和月亮看起来一样大。这本身似乎毫无意义。但另外一个巧合是,月球引潮力约为太阳引潮力的2倍,这与它们在空中出现的方式有关:两个施加类似引潮力的天体,其"天空大小"必然非常接近。这是数学原理!地球上的生命需要的可能不仅仅是一个能引起潮汐的天体,而是两个,这又是为什么呢?因为有了两个能引起潮汐的天体,太阳和月亮重叠时会形成内陆潮池,然后保持相互独立,直到几周之后再次重叠。想象一下,在大约4亿年前的泥盆纪时期,一条鱼被困在这样一个注定掀不起风浪的潮池中。显然,这是生物从海洋向陆地迁移的一次影响重大的进化选择。现在有可能推演出泥盆纪时期海洋的潮汐模式,并将其与化石记录进行比较。这种研究的初步结果表明,相关物种确实居住在潮汐活动频繁的地区。两个能引起潮汐的天体总比一个好。

3秒钟人物

艾尔弗雷德·S.罗默
Alfred S. Romer
1894—1973

哈佛大学的美国古生物学家。他的开创性思想帮助我们形成了对脊椎动物古生物学的理解。

本文作者

史蒂文·巴尔布斯
Steven Balbus

来自太阳和月亮的潮汐结合在一起,形成孤立的潮池,这是生物从海洋向陆地进化的一个重要驱动力。

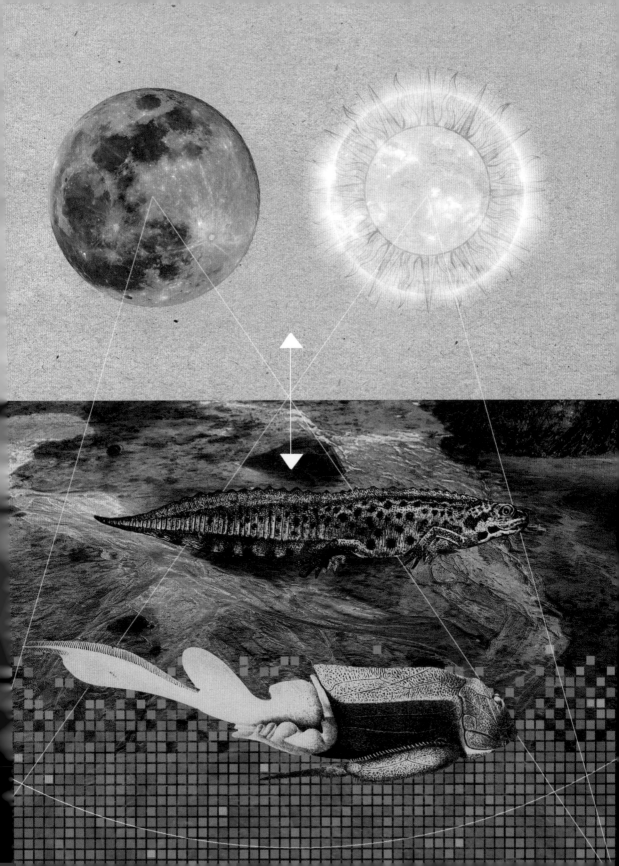

海洋往事

30秒探索神秘的海洋

海洋覆盖了地球表面的约70%。海洋提供的重要生态系统服务是地球系统的一个主要组成部分。自工业时代以来，为了了解海洋，人们已经测量了海洋的各种属性：温度、盐度、化学性质、循环。虽然我们无法直接测量当下以外的时间段的海洋属性，但我们可以通过研究过去残留的沉积物的成分来重建过去的环境条件。积聚在海底的深海沉积物是主要的信息来源。沉积物的来源多种多样：大气尘埃、三角洲附近和大陆边缘的河流黏土与沙子、海洋上层中产生的生物颗粒的残留物以及靠沉积物生活或生活在沉积物里的生物。由于顶部物质的增加，沉积物随着所处深度的增加而逐渐老化。在大多数深海环境中，我们发现了微化石，包括被称为有孔虫的单细胞生物的方解石壳。这些壳记录了有孔虫生活的环境条件。一些物种生活在海底，而其他物种则漂浮在海面附近。研究有孔虫化石的形成、形状和化学成分，使我们对海洋化学和我们星球上长期气候的理解发生了革命性的变化。

3秒钟冲浪
有孔虫的微化石记录了过去海洋的环境状况，对于提升我们对海洋化学和气候变化的理解很有帮助。

3分钟探索
目前人们正在研究如何利用有孔虫介壳的结构和化学变化来评估海水中的氧气浓度在过去是如何变化的。目前海洋中的氧气正在流失，这一趋势与气候变暖和富营养化有关。为了提高我们对这一重要环境威胁的认识，我们必须了解自然趋势和变化，这样我们才能改善对未来变化的预测。

本文作者
芭贝特·霍格凯尔
Babette Hoogakker

从深海沉积物中收集海洋环境信息并进行研究，有助于我们了解海洋的历史变化。

寻找地外生命：
太阳系中的海洋

30秒探索神秘的海洋

3秒钟冲浪
寻找外星人的重点是寻找
与地球上存在生命的环境
相似的环境。

3分钟探索
截至2019年底，我们已
经确认银河系附近有
3000多个行星系统，其
中有4000多颗行星和近
700个多行星系统。这些
多行星系统在许多方面与
我们的太阳系相似，有些
可能包含像金星、地球、
火星、木卫二、土卫六和
土卫二这样的星球。

地球上的海洋形成于数十亿年前，不久之后其中便有了生命。由于进化的适应性，其他被称为嗜极微生物的生命形式在地壳深处和大气层高处的各种冷热、高低压环境中茁壮成长。这就是为什么我们要在太阳系其他地方的类似环境中寻找生命，比如火星的地下湖泊，金星的云层，木卫二、土卫六和土卫二的深海世界。这些卫星围绕气态巨行星——木星、土星——运行。如果我们确认了太阳系中的所有星球或部分星球上存在生命，那么这对于银河系中是否存在生命有何启示呢？在我们的银河系中有超过1000亿颗恒星，甚至有更多像我们太阳系中的行星和卫星一样的星球围绕这些恒星公转。因此，天文学家正在拼命寻找可能存在生命的外星表面或地下海洋的可测量的典型特征。这些探索需要用到世界上最大、最先进的地基和天基望远镜。未来会怎样？继续勘测金星、火星和我们的太阳系，再制造出更大的望远镜，建立更好的模型，未来几十年我们是会有答案的。

相关话题
另见
将阳光存储为热量 第16页
外太空视角下的海洋
　　第110页
潮汐与地球生命的进化
　　第146页

本文作者
迈克尔·J.韦
Michael J. Way

利用卫星探索金星、火星和地球以外的其他遍布海洋的星球的条件已经成熟。

附录 ◐

参考资源

书籍

30-Second Weather
Ed. Adam A. Scaife (Ivy Press, 2019)

Alien Oceans: The Search for Life in the Depths of Space
Kevin Peter Hand (Princeton University Press, 2020)

Art Forms from the Abyss: Ernst Haeckel's Images From The HMS Challenger Expedition
Peter J. Le B Williams, Dylan W. Evans, David J. Roberts and David N. Thomas (Prestel, 2015)

The Book of Tides
William Thomson (Quercus, 2016)

Farthest North
Fridjof Nansen (originally published 1898, paperback editions Skyhorse Publishing, 2008 and Gibson Square Books, 2017)

Icebergs: Their Science and Links to Global Change
Grant Bigg (Cambridge University Press, 2015)

Jetstream: A Journey Through Our Changing Climate
Tim Woollings (Oxford University Press, 2019)

Marine Ecology: Process, Systems and Impacts
Michael J. Kaiser et al (Oxford University Press, 3rd edition, 2020)

Ocean Acidification
Eds. Jean-Pierre Gattuso and Lina Hansson (Oxford University Press, 2011)

Ocean Dynamics and the Carbon Cycle: Principles and Mechanisms
Richard G. Williams and Michael J. Follows (Cambridge University Press, 2011)

The Ocean in Motion: Circulation, Waves, Polar Oceanography
Ed. Manuel G. Velarde, Roman Yu. Tarakanov, Alexey V. Marchenko (Springer Oceanography, 2018)

Oceanography: An Invitation to Marine Science
Tom Garrison (Brooks Cole, 9th Edition, 2015)

The Oceans and Climate
Grant Bigg (Cambridge University Press, 2nd edition, 2008)

Rising Seas: Past, Present, Future
Vivien Gornitz (Columbia University Press, 2013)

Sea Change: A Message of the Oceans
Sylvia A. Earle
(Fawcett; 1st Ballantine Books Ed edition, 1996)

Sea-level Science
David Pugh and Philip Woodworth
(Cambridge University Press, 2014)

Under Water to Get out of the Rain: A love affair with the sea
Trevor Norton (DaCapo Press, 2006)

网站与纪录片
NOAA's National Ocean Service
美国国家海洋大气局国家海洋服务官方网站

National Snow and Ice Data Center
美国国家冰雪数据中心官方网站

Carbon Brief
碳简报，一个有关英国气候政策的网站

BBC's Blue Planet series
英国广播公司《蓝色星球》纪录片系列

The Conversation
对话，一个学者分享知识的网站

Waves Across the Pacific （关于沃尔特·芒克实验的纪录片）
来自沃尔特·芒克海洋基金会官方网站

Scripps Institution of Oceanography
斯克里普斯海洋研究所官方网站

UK Ocean Acidification Research Programme
英国海洋酸化研究项目官方网站

Plastic Adrift
塑料漂流，一个展示塑料最终归宿的网站

All about plastic soup
关于"塑料汤"的一切，一个有关塑料汤的专题网站

编者简介

主编

马蒂亚斯·格林 现为英国班戈大学海洋科学学院海洋物理学教授。研究领域为潮汐如何与地球系统的其他组成部分相互作用，以及潮汐如何改变和影响气候。他著述颇丰，论文散见于地球物理学和海洋科学研究期刊。

友恩-杰恩·莱恩 现为英国班戈大学海洋科学学院海洋物理学助理教授。其研究重点为影响极地海洋气候的海洋翻转的整体物理过程。她在海洋学专业期刊上发表了多篇论文。作为学院联络员参与院系外联工作，与多家STEM（科学、技术、工程和数学）教育机构合作。

参编

法布里斯·阿尔丹 现为位于法国布雷斯特的法国海洋开发研究院的海洋学研究员。研究重点为海浪及其对海洋循环的影响。

马丁·奥斯汀 海洋观测学家，研究专长为近海潮间带与潮下带浅海区动力学。研究兴趣为海浪，沉积物运输和控制海滩、海岸线演变与动态的形态过程之间的相互作用。

梅格·贝克 现为杜伦大学研究员、科学家。研究领域包括海底滑坡探测、科学巡航，以及实验室海底滑坡模拟。

史蒂文·巴尔布斯 英国皇家学会外籍会员，现为牛津大学萨维尔天文学教授，因其在理论天体物理学和气体动力学方面的贡献而广受赞誉。

格兰特·比格 海洋学家，研究专长为海洋气候变化，尤其专注于冰山研究。现为英国谢菲尔德大学地球系统科学教授。

罗伯特·钱特 从事河口研究的物理学家，现为美国新泽西州罗格斯大学教授。孩提时代的他最喜欢在纽约长岛南岸的河口挖蛤蜊。

阿尼拉·乔伊 海洋生物学家，现为加州大学圣迭戈分校斯克里普斯海洋研究所教授。阿尼拉研究团队利用一整套生物化学追踪器，研究将全球人类社会与环境变化和挑战联系起来的深海食物网。

莱恩·科德斯 现为英国班戈大学海洋科学学院人口生态学家，研究兴趣包括环境和人为因素对动物种群变化的影响。

桑科·丹根多夫 现为美国弗吉尼亚州欧道明大学海岸工程师、海洋学教授，研究领域为海平面变化的成因和影响。

若昂·杜阿尔特 地质学博士，现为里斯本大学助理教授、葡萄牙多姆路易斯研究所研究员。研究领域：构造学、地球动力学、海洋地质学。

詹姆斯·格顿 现为华盛顿大学西雅图应用物理实验室海洋物理学家。研究领域：海气相互作用、海洋涡流和湍流混合、高密度底层流动力学。

劳拉·格兰奇 海洋底栖生物生态学家，专门研究极地地区。研究兴趣：以海底生态系统为模型，研究环境条件变化背景下的海洋生态和生物理论，并评估海底生态系统对气候变化的反应。

阿德尔·希南 现为英国班戈大学海洋科学学院讲师、海洋生态学家，研究领域：珊瑚礁生态系统的自然和人类驱动因素、可持续渔业管理解决方案。

彼得·霍尔特曼 现为德国瓦尔讷明德莱布尼茨波罗的海研究所航海海洋学家，研究领域为海洋中的湍流运输过程及其与溶解物质的相互作用。

芭贝特·霍格凯尔 现为爱丁堡赫瑞-瓦特大学古海洋学家。研究重点为重建地质年代海水氧浓度方法的开发与应用，以增进我们对长期海洋氧循环的认识。

海伦·约翰逊 现为牛津大学气候与海洋模型学副教授。研究领域为海洋环流，特别是北冰洋与大西洋环流及其在气候中的作用。

希拉里·肯尼迪 现为英国班戈大学海洋科学学院荣誉教授，对沿海湿地，特别是海草草甸生物地球化学、生态学有独特的兴趣。她是国际蓝碳工作组专家，政府间气候变化专门委员会报告主笔之一，该委员会的报告为各国估算其与沿海湿地相关的温室气体排放和清除提供了方法指导。

德尔菲娜·洛贝尔 现为荷兰乌得勒支大学海洋物理学博士后、埃里克·范塞比耶（Erik van Sebille）领导的研究团队TOPIOS（海洋塑料寻踪）的一名成员，该研究团队旨在确定塑料在海洋中的最终去向。

克莱尔·马哈菲 现为利物浦大学海洋科学教授。研究领域为从热带到极地的浩瀚海洋中的营养物质和浮游植物。

金·马蒂尼 现为华盛顿州西雅图海鸟科技公司资深海洋学家。在没有和其他科学家一道把昂贵的仪器扔进海里的时候，她会想方设法减少自己的全球足迹。

杰夫·波尔顿 现为英国国家海洋中心海洋系统建模团队负责人。研究领域包括高分辨率近海建模、海浪过程和湍流、海洋生态动力影响，以及近海对变化中的海洋的反应。

亚历克斯·波尔顿 现为爱丁堡赫瑞-瓦特大学海洋生物学家，致力于从生物学、化学、物理学视角研究海洋生态学以及基本营养物质的全球循环。

汤姆·里普斯 现为英国班戈大学海洋物理学教授，研究领域为使海洋中不同水体混合的潮汐和风力驱动过程。

塞巴斯蒂安·罗齐尔 现为诺森比亚大学研究员，研究重点为海洋和南极冰盖之间的互动。

亚历杭德拉·桑切斯-弗兰克斯 现为英国国家海洋中心海洋物理和海洋气候团队研究员、科学家。亚历杭德拉的研究重点是大规模海洋环流、大西洋经向翻转环流、印度洋季风过程。

马丁·斯科夫 现为英国班戈大学海洋生态学家，研究领域包括红树林、盐沼和海草床。他尤其喜欢含硫黄泥浆和生活在其中的野兽。

戴维·N.托马斯 现为芬兰赫尔辛基大学北极生态系统研究教授，主要研究兴趣包括北冰洋、南冰洋、波罗的海海冰生态学、生物地球化学，陆-海过渡，科学与艺术的联系，并从事相关知识的科普工作。

斯文亚·蒂达乌 现为任职于英国班戈大学的海洋生物学家，研究领域为动物如何感知其被人类污染的栖息地，特别是人工照明如何影响海洋沿岸动物的繁殖和发育。

玛丽-路易斯·蒂默曼斯 现为耶鲁大学地球和行星科学教授。研究重点为北冰洋物理过程及其对气候的影响。

卡罗尔·特利 现为英国普利茅斯海洋实验室生物地球化学家。对海洋酸化研究计划颇有贡献，并向包括欧盟和联合国在内的众多利益相关方提出过这个问题。

詹姆斯·瓦吉特 现为英国班戈大学海洋科学学院讲师，研究领域为鲸目动物和海鸟，尤其是外界对其行为和分布的影响。

索菲·沃德 现为任职于英国班戈大学的海洋物理学家，擅长使用海洋和陆架边缘海计算机模型研究潮汐在海洋环境中的作用。

迈克尔·J.韦 博士，现在美国国家航空航天局戈达德太空研究所工作。研究领域：利用三维全球气候模型研究类地行星的大气层。

致谢

出版社要感谢以下机构与人士允许转载受版权保护的资料。

出版社已全力联系图片版权所有者并获准使用相关图片。以下名单若有不慎遗漏之处，敬请谅解。如有指正，出版社将不胜感激，并将在重印版本中予以更正。

Alamy/ Natural History Museum: 106
Biodiversity Heritage Library: 77, 83, 147
Freshwater and Marine Image Bank: 123
Getty Images/ George Pickow/Stringer: 53; Humberto Ramierz: 109; Ilbusca: 83; ivan-96: 95; Matteo Colombo: 141; Nastasic: 99; Oxford Scientific: 93; Pobytov: 49; Popperfoto: 20; Scahfer & Hill: 71; The Palmer: 39; traveler1116: 71
Library of Congress: 15, 43, 46
NASA: 43, 93, 111; /JPL: 59; JPL/University of Arizona: 151; JPL–Caltech: Space Science Institute: 151; SDO/AIA: 147
NOAA: 19, 93, 95, 109, 121, 143; / Matt Wilson/ Jay Clark: 79; Russ Hopcroft: 51; Sophie Webb: 51
Rawpixel: 83
Science Photo Library/ Louise Murray: 51
Shutterstock/ 3DMI: 19, 131; 5W Studio: 39; ace03: 93; aDam Wildlife: 81; AGCuesta: 147; Ajaya Bhatkar: 93; Akaiser: 29; Albachiaraa: 17; Alena Ohneva: 95; Alex Stemmer: 131; Alexander Tolstykh: 137; Alexey Seafarer: 51; Ammak: 137; Anatoliy Kosolapov: 131; andrea crisante: 19; Andrey_Kuzmin: 17, 79; Andrii Vodolazhskyi: 93; anfisa focusova: 43;

Anna Morgan: 29; Anton_Ivanov: 49; Antonio Truzzi: 19; arhendrix: 149; Armin Rose: 49, 51; Artiste2d3d: 87; Avesun: 69; Azat Valeev: 19; banu sevim: 19; Bakalusha: 131; Barbara Ash: 89; Benedictus: 31; Bepoh624: 61; BigBlueStudio: 113; binik: 85; Black Jack: 129; bookzv: 131; Boonchuay1970: 27; Box Lab: 81; Bradley Blackburn: 61; Brendan Howard: 23; Brandon B: 89; Brent Barnes: 89; Carlos Caetano: 77; carlos castilla: 113; CarryLove: 45; chinasong: 17; Choksawatdikorn: 79; Christian Weber: 85; Christopher Wood: 9; Color_dreams: 39; Coulanges: 85; Creative Force Studio: 81; Croisy: 147; Dale Lorna Jacobsen: 151; Damsea: 31; Daniel Carlson: 53; David Porras: 85; dc creation: 83; ded pixto: 123; Denis Radovanovic: 89; Dimitris_k: 125; divedog: 81; donatas1205: 95; doomu: 77, 95; Double Brain: 19; Djem: 17; Dmitry Rukhlenko: 121; Dotted Yeti: 143; Dr. Norbert Lange: 93; Dudarev Mikhail: 17; DW art: 89; elRoce: 143; emka74: 121; EngineerPhotos: 113; Ethan Daniels: 129; Everett Collection: 25, 27, 29, 31, 37, 41, 81, 105, 119, 123, 141, 149; Everett Historical: 23, 43, 67, 137; evv: 109; Federico. Crovetti: 69; fibPhoto: 49; FloridaStock: 23; Fly_and_Dive: 145; Fotossimo: 27; Galyna Andrushko: 29; Gavin Baker Photography: 119; Geet Theerawat: 23; Geografika: 143; George green: 125; Gilda Villarreal: 31; Golf_chalermchai: 125; grebeshkovmaxim: 125; GreenBelka: 143; GreSiStudio: 145; Grisha Bruev: 129; Groundback Atelier: 131; Guitar